现代医院建设系列丛书

医院设计要求研究

主 编 金桂明 叶 珺 石 晶

同济大学出版社
TONGJI UNIVERSITY PRESS
·上海·

图书在版编目(CIP)数据

医院设计要求研究 / 金桂明，叶珺，石晶主编.
上海：同济大学出版社，2024.12. -- ISBN 978-7
-5765-1495-7

Ⅰ. TU246.1

中国国家版本馆 CIP 数据核字第 2024DT8255 号

医院设计要求研究

金桂明　叶　珺　石　晶　**主编**

责任编辑　朱　勇　朱涧超
助理编辑　徐艺峰
责任校对　徐逢乔
封面设计　陈益平

出版发行　同济大学出版社　　www.tongjipress.com.cn
(地址:上海市四平路 1239 号　邮编:200092　电话:021-65985622)
经　　销　全国各地新华书店
排　　版　南京文脉图文设计制作有限公司
印　　刷　上海安枫印务有限公司
开　　本　787mm×1092mm　1/16
印　　张　14.75
字　　数　260 000
版　　次　2024 年 12 月第 1 版
印　　次　2024 年 12 月第 1 次印刷
书　　号　ISBN 978-7-5765-1495-7
定　　价　128.00 元

现代医院建设系列丛书编委会

主　　任　丁士昭

常务副主任　邢云梁

副 主 任　符　翔　杨　森

编　　委　（按姓氏笔画排序）

丁士昭　付光平　邢云梁　杨　森

杨明华　何哈娜　金桂明　符　翔

本书编委会

主　编　金桂明　叶　珺　石　晶

编　委　（按姓氏笔画排序）

王　东　王九龙　王子佳　王连国　王俊彦

王新煜　石　晶　叶　珺　朱加丰　刘　平

刘道军　祁力平　许　冰　许海涛　孙　杰

李　鸿　李帅明　李竹琳　杨　森　杨利凯

吴慧群　何广宇　谷金省　张志聪　张晓彤

陈仕华　林福喜　金桂明　赵建恩　胡　亮

侯兴桃　俞鹏飞　姚明科　秦海峰　夏　宝

徐　微　徐兆颖　郭一帆　郭晨光　崔怡卓

章开文　梁建岚　熊代燃　熊惠锋

总 序

深圳从一个边陲小镇到成为具有全球影响力的国际化大都市，40年来，伴随着城市的高速发展，常驻人口近2 000万人，迫切需要医疗卫生事业配套发展，以满足人民日益增长的高质量的医疗服务需求。自"十二五"社会发展计划以来，深圳市不断努力补短板，大力改善医疗服务质量。"十四五"以来，建成重点医疗卫生项目14项，完成投资约70亿元；在建重点医疗卫生项目20余项，床位数约2.4万床，投资约500亿元；拟建（未开工）重点医疗卫生项目20余项，床位数约1.1万床，投资约200亿元；研究型医院规划布局约1.6万床，投资约200亿元。其中包括引入中国医学科学院阜外、肿瘤等专科医院成为国家区域医疗中心。

又好又快地建设高品质的医院，是深圳市区两级工务部门面临的巨大挑战。为此，深圳市建筑工务署总结多年来医院建设的经验，以设计为引领，编写了"现代医院建设系列丛书"（1—4册），包括《医院设计要求研究》《医院建设与运营需求改善管理研究》《医院改扩建交通组织研究》和《医院医用气体工程建设与运维指南》。

医院工程设计是医疗机构建设的重要组成部分，它不仅关系医护人员和患者的工作与生活质量，还直接影响医院的服务质量和竞争力。本丛书旨在分析探讨现代化、智慧型、创新型医院工程设计的特点和要求，提出针对性的设计方案和建议。在丛书编写过程中，采用了多种研究方法和工具，包括文献综述、实地调研、案例分析等，对医院工程设计的各个方面进行了较全面深入的探讨。

本丛书不仅能够为医院工程设计的规划和实施提供参考，还有助于提高医院工程设计的水平，为医护人员和患者提供更加舒适、安全和高效的工作与生活环境。

由衷地感谢参与本丛书编写的同事、专家、参建单位的专业人员，以及支持和关注我们工作的读者和社会各界。深信通过共同的努力和合作，一定能够不断提升医院建设水平，为医疗服务事业做出更大的贡献。

序

深圳沐浴着改革开放的春风，40余年来取得了举世瞩目的辉煌成就，现在又被赋予更多使命，成为“中国特色社会主义先行示范区”和“粤港澳大湾区”核心引擎，正迎来区域发展的新一轮高峰。随着经济的发展，构建高品质城市服务功能，弥补城市医疗卫生资源不足，打造新型城市医疗健康服务体系，成为深圳市新时期城市建设的重点任务。

在上述背景下，深圳市医院改建、扩建和新建工程如雨后春笋般随处可见，深圳市医院建设再次进入快车道。同时也伴随一些新问题的出现，如：一些新建医院运营主体缺位、定位不明确，导致需求不能确定；设计任务书表达不全面，施工过程中设计反复修改；一些改扩建医院项目团队（包括设计方和使用方）由于设计理念和经营理念上的差异，对医院功能和医疗流程认识不清等，导致项目落成后与期望值落差较大，交付后又需要重新修改。以上问题给医院建设带来诸多困难和挑战。

本书通过对10家医院进行调研和访谈，特别是收集深圳市有代表性的医院相关数据信息，并结合对《综合医院建设标准》（建标110—2021）解读和分析，从设计依据、三级流程、专项设计、医疗设备、医院智能化信息化、医院运行，以及BIM、医院工业化、物流等各个方面，系统全面地提出有关设计阶段医院建设的有关量化参考数据，为新建医院设计要求提供借鉴和参考，并助推医院高效率、高质量、高品位建设。

感谢深圳市建筑工务署及相关医院建设同行给予本书的宝贵意见和建议，为未来医院建设贡献智慧和价值，在此深表敬意。

2022年12月16日

前言

深圳作为中国改革开放的前沿城市，自 1979 年设立经济特区后，在社会治理、经济发展、科技创新等方面均取得了巨大成就。据 2021 年的数据，深圳市 GDP 总量突破 3 万亿元，跻身全球城市经济总量前十。短短 40 多年里，深圳市的城市规模也是飞跃发展，从一个小渔村发展成拥有 2 000 多万人口的超级城市，现有的医疗资源已远远不能满足人们的需求，以医疗为主要内容的民生短板逐渐显露出来。2015 年，深圳市每千人口医疗机构床位数仅为 3.4 张，远低于全国 5.1 张的平均水平和广东省 4.02 张的平均水平，位居珠三角地区倒数第二。

根据《深圳市国民经济和社会发展第十三个五年规划纲要》《深圳市城市总体规划(2010—2020)》以及《深圳市实施东进战略行动方案(2016—2020 年)》，深圳市规划新改扩建医疗机构 100 余个，每个行政区至少布局一家市级综合性医院，每个社区至少布局 1 个社区健康服务中心。为了在如此短的时间内保质保量地完成大规模的医疗机构新改扩建工作，深圳市实行了一套创新的管理体制：①2002 年，深圳市在全国率先建立了政府集中代建管理体系——深圳市建筑工务署负责除交通、水务以外的市财政投资的政府工程的建设管理职责，对建设工程进行组织实施、协调和监督管理；②2009 年，深圳市新建市属医院筹备办公室(简称"新筹办")正式挂牌成立，负责新建医院建设项目的前期设计和规划工作；③2013 年，深圳市成立公立医院管理中心，负责公立医院管理运营。

在众多医院的建设过程中，也遇到了一些问题。首先，用地困难，出现"超高密度、超高规模、超高容积率"的情况；其次，很多医院在规划前期没有确定运营单位，前期规划及建设存在一定的困难。针对上述问题，新筹办在前期规划时为了使建筑设计方案的适应性更广，组织了相关负责人到全国各地医院进行考察学习。

近年来，深圳市政府认识到医院设计与规划的重要性，积极引入"医院项目全过程工程咨询"和"医院项目医疗工艺咨询"，吸引了大批更具专业性的设计团队参与深圳市的医院建设，使深圳市医疗建筑规划、建设水平更上了一个台阶。

根据国外最新研究发现，一个建筑项目约 80%的造价在设计阶段就已经确定，后续的控制仅影响到其余 20%的投资。因此，医院建设的前期设计工作至关重要，可以减少后期建设过程中修改和返工，节约投资成本和缩短建设工期。

本书通过调研和访谈现代综合医院在建设过程中遇到的各种问题，提出现代综合医院设计要求参考标准。从医院需求出发，通过大量调查研究，收集医疗、建筑、机电、装饰等不同专业角度的医疗需求，提出现代医院建筑模板，帮助医院将复杂的医疗需求转换为科学的设计任务书，避免前期因设计不科学造成的建设成本增加和建设工期延长，让项目咨询单位和设计单位有据可循。

本书由金桂明、叶珺、石晶主编。全书共分为9章及2个附录。第1章由金桂明、叶珺、郭晨光、杨森撰写；第2章由叶珺、石晶、刘平、王子佳、胡亮撰写；第3章由李竹琳、章开文撰写；第4章由徐微、朱加丰、张晓彤撰写；第5章由陈仕华、李帅明、杨利凯、谷金省撰写；第6章由熊惠锋、孙杰、王新煜、赵建恩撰写；第7章由叶珺、王九龙、吴慧群、刘道军撰写；第8章由石晶、许冰、秦海峰、俞鹏飞撰写；第9章由徐兆颖、夏宝、林福喜、熊代燃撰写；附录A由金桂明、胡亮、李鸿撰写；附录B由何广宇、祁力平、王东、崔怡卓、郭一帆、姚明科、侯兴桃撰写。

从方案制定、医院案例调研、数据分析到最终成果的撰写与修订，历时一年多时间。在此期间，得到了深圳市建筑工务署和浙江江南工程管理股份有限公司各级领导的大力支持与悉心指导。在课题研究过程中，也得到了浙江大学医学院附属邵逸夫医院、浙江大学医学院附属第四医院、树兰（杭州）医院等相关领导学者的支持和指导。

同时，本书所开展的案例调研和数据分析得到了浙江大学医学院附属第一医院、浙江大学医学院附属第二医院、浙江大学医学院附属邵逸夫医院、浙江大学医学院附属第四医院、树兰（杭州）医院、浙江省长兴县人民医院、杭州市富阳区第一人民医院等医院，以及南方医科大学附属医院、中山大学附属第七医院和深圳大学总医院10家医院建设方和运营方的大力协助和经验奉献。此外，本书的付梓也离不开课题组成员的积极参与和辛勤付出，各位专家也为本书提供了宝贵的修改意见和建议，在此一并表示感谢和敬意！

鉴于编者眼界和水平，书中若有错误疏漏之处，敬请各位专家、读者批评指正。

本书编写组

2021年5月

词语解释

为了方便读者理解，对本书中涉及的专业术语及有关词语进行解释。

【医疗建筑工艺设计】

对医院内部医疗相关活动过程及程序的策划，包括医疗系统的构成、功能、医疗工艺流程及相关工艺条件、技术指标、参数等，是医院建筑设计的基本依据之一。

【大型医疗设备】

现代医院使用的市值较高、体积较大的医疗设备，如CT、MR、DR、PET-CT、直线加速器、高压氧舱等。

【工程变更】

合同实施过程中由于各种原因所引起的设计变更、合同变更，包括工程量变更、工程项目变更、进度计划变更、施工条件变更以及原招标文件和工程量清单中未包括的新增工程等。

【工艺流程分级】

一级流程：医院建筑总体医疗工艺设计，确定医院分类、制定医院建设指标、确定医院等级、规定医院的基本设施和其他功能设施、建立医院各项设施、功能单元和系统之间相互关系的总体性规划设计。

二级流程：确定各医疗功能单元建设等级及规模、建立单元或部门内部功能设施和系统之间相互关系的设计。

三级流程：当建筑装饰标准、医疗设施标准、感染控制要求和操作流程的规定提高到一定程度，需要通过室内设计规定某些特殊诊疗和工作用房内的操作流程和进行相应的机电末端定位设计。

在一般建造标准的医院建筑设计中，医疗工艺设计仅限于一级流程和二级流程。

【设计任务书】

业主方以文字形式将对设计产品的要求表达出来的文件，是设计最重要的依据之一。

【院感控制】

在医务人员从事医疗的过程中，为了防止医源性的感染，院方必须要对医务人员和患者负责，保证不能因为医疗活动而发生对其感染的情况。

【标准化】

在一定时期内，面向通用设计、采用共性条件、制定统一的标准和模式而开展的适用范围比较广泛的设计。

【临床使用需求】

临床科室对本部门工作流程进行梳理后所提出的科学合理的使用需求。

目 录

第1章 综　　述

1.1 研究背景与目的

改革开放40余年来，中国经济飞速发展，人民生活水平持续提高，健康已成为人们追求高质量生活最关心的问题。随着党的十九大和“十三五”规划纲要提出实施健康中国战略、支持智慧城市及健康中国建设目标任务不断深入，“智慧医疗”作为智慧与健康的结合点，近年来得到社会广泛关注。同时，随着社会人口的老龄化趋势加重和全民医疗改革的推进，私立医院和社会办医应运而生。深圳始终站在改革开放最前沿，2021年深圳市GDP总量突破3万亿元，跻身全球城市经济总量前十，城市人口已经超过2 000万人。然而，深圳的医疗卫生资源却非常薄弱，每千人口医疗卫生机构床位数和医生数远落后于其他大城市。深圳市为了改变医疗卫生资源薄弱的现状，在“十二五”和“十三五”期间规划新改扩建医疗机构100余个，每个行政区至少布局1家市级综合性医院，每个社区至少布局1个社区健康服务中心。

在深圳市，医院改建、扩建或新建如雨后春笋般随处可见，随之带来的问题也越来越多，由于在建设初期未确认运营主体，造成了后期对设计方案的反复修改、重复施工。为此，深圳市新建市属医院筹备办公室（简称“新筹办”）在2009年挂牌成立，负责新建医院建设项目的前期设计和规划工作，完成施工图概算工作后，交给深圳市建筑工务署具体实施。然而，医院建设是一个复杂的系统工程，特别是在深圳医院建设用地紧张的情况下，科学的医院建设规划非常重要，在明确医院的定位与需求以后，如何将各种医疗专业语言转化成建筑设计语言是十分关键的一个环节。但传统的需求调研方式仅仅通过口头或者会议纪要的形式进行传达，没有固定的程序，这种模式的缺点是往往只能表达一些定性的属性，无法将需求进行量化固定，设计单位只能“瞎子摸象”“自由发挥”，导致整个建筑项目方案从设计之初到建设阶段不停地反复修改。

为了克服传统医院前期规划的缺点，本研究建立了一套系统、科学的医院建筑需求收集系统，通过整合医院建筑行业多位专家的意见设计了各类需求调查表，如“现代医院建设情况调查表”“院内物流需求调查表”等，并通过问卷调查对系统和模板进一步完善，完成最终标准化的“建筑需求调研模板”。

在项目实施阶段，用户只需填写“建筑需求调研模板”即可将医院需求进行量化，将建筑、机电、装饰等不同专业角度的医疗需求转化为建筑语言，帮助医院将复杂的医疗需求形成详细的设计任务书。相关政府职能部门则可以对任务书进行审核审批，判断方案的合理性、可行性和经济性等，并提出相应的意见。

同时，建筑信息化模型(Building Information Modeling，BIM)具有可视性、协调性、模拟性、优化性等特征，通过数据对比和模拟分析，实时对建筑方案进行过程管理，及时发现建筑缺陷，找出不同解决方案的优缺点，对整个建筑项目进行全生命周期的管理，对有缺陷的设计方案及时作出调整，提升医院建筑设计的效率和准确性，减少后期建设过程中的修改和返工。

通过项目实施，形成了一套完善的医院建设管理体系，用较为简单的填表方式将用户主观的需求转化为较为明确的建筑语言，形成完整的可行性分析报告，并对整个建筑生命周期进行管理，克服传统医院建筑过程中的盲目性。

1.2 研究内容与方法

医院建筑与其他公共建筑不同，具有使用者众多、频率高、技术复杂的特点，医疗工艺和流程要求较高。医院设计内容涵盖面广，具有跨学科、跨专业等特点，对于各专业的协同和专项设计之间的统筹有很高的要求，是一项多方位协调的庞大、复杂的系统工程。建设过程中需要把复杂的医疗体系与建筑专业知识相结合，同时，设计者应密切关注国家的相关政策，对医院建筑的设计要有前瞻性和灵活性，能满足未来一定时间内医院发展的需要。通过对《综合医院建设标准》(建标 110—2021)《综合医院建筑设计规范》(GB 51039—2014)等 40 余部综合医院建设相关标准进行解读和分析，结合编者自身工作经验，通过文献检索、数据调研、案例研究、专家咨询、现场访谈等形式，形成系统的调研分析报告，最终总结出一套符合现代综合医院建设要求并具有一定前瞻性的新医院设计、建设操作方法。

该方法对医院项目的初步规划、医疗专项建筑设计、相关临床科室标准化设计、医院建设案例分享以及医院智能化设计等医院建设过程中重要的环节进行了分步介绍与讲解：

①初步规划相当于出题者，题目如果错了，后面步步错，通过调查表了解本地区的医疗资源现状、新建医院未来发展的方向和定位；②通过医疗专项建筑设计，对智能化、净化设计、医用气体设计、医学屏蔽防护设计、高压氧舱设计、医用纯水设计、物流系统设计、污水处理设计、洗衣房设计、专业实验室设计等进行详尽的梳理，使设计者全面掌握各专项工程对设计的要求，避免设计师在跨专业设计时产生缺漏；③通过对门诊、病房、手术室等部门标准设计要求的分析，使设计者快速掌握医院建筑的特点；④医院建设案例分享可以让设计者有一个清晰的思路，通过对成功案例的解读使设计者少走弯路。

整个研究对医院规划内容作了明确要求，通过调查表、访谈等形式将医院需求量化，将建筑、机电、装饰等不同专业角度的医疗需求转化为建筑语言，对各临床科室具体工艺流程和工艺要求进行梳理，使读者能快速掌握新医院设计的要求。需要特别提出的是，本次研究将一些好的运用材料和施工工艺以工法的形式予以展示，便于读者参考和借鉴。

1.3　关于医院三级流程的划分和分析

《综合医院建筑设计规范》明确了医疗工艺的定义为“医疗流程和医疗设备的匹配，以及其他相关资源的配置”，医疗流程的定义是“医疗服务和环节”。医疗工艺设计是一项跨专业、综合性的工作。

鉴于以上认识，医院建筑医疗工艺设计逐步形成了层层递进、环环相扣、逐步深入的三级体系。三级医疗工艺设计对应三级流程设计，具体见表1-1。

表1-1　三级流程设计

	一级流程	二级流程	三级流程
定义	总体医疗行为系统的平面布置	部门行为系统的平面规划	人员行为系统的平面规划
位置	医疗建筑、综合体、医疗建筑单体、主要功能分区	医疗部门内部活动区域	人员活动的房间及工作区域
重点	流程与动线	面积和形态	功能与体验
成果	总平面及分区设计	科室流程及空间设计	房间及单元流程设计

第 2 章　医院设计依据和内容

近十几年，我国医院基本建设进入快速发展时期，大量医院正在改建、扩建或者新建。医院建设标准也在不断提高，但因经济发展的不平衡，各地所采用的建设标准也不相同。

新标准《综合医院建设标准》则非常及时地适应了这种情况，具有十分重要的现实意义。本章详尽地比较了新标准《综合医院建设标准》与《综合医院建设标准》（建标 110—2008）的不同之处，让医院建设单位、投资单位和医院项目管理单位“有法可依”。本章还对涉及医院设计的相关规范标准进行了整理，方便读者灵活运用。

2.1　医院设计依据

1. 医院建设相关的主要国家法律法规、标准

《综合医院建设标准》（建标 110—2021）

《综合医院建筑设计规范》（GB 51039—2014）

《无障碍设计规范》（GB 50763—2012）

《医院污水排放标准》（GB 18466—2005）

《医用 X 射线诊断放射防护要求》（GBZ 130—2013）

《医院负压隔离病房环境控制要求》（GB/T 35428—2017）

《绿色医院建筑评价标准》（GB/T 51153—2015）

《医院候诊室卫生标准》（GB 9671—1996）

《医用气体工程设计》（16R303）

《传染病医院建筑设计规范》（GB 50849—2014）

《精神专科医院建筑设计规范》（GB 51058—2014）

《医疗机构设置规划指导原则（2016—2020 年）》

《医疗机构管理条例实施细则》(2017)

《医疗机构基本标准(试行)》(2017)

《三级综合医院评审标准实施细则》

《医院洁净手术部建筑技术规范》(GB 50333—2013)

《洁净手术室用空气调节机组》(GB/T 19569—2004)

《洁净厂房设计规范》(GB 50073—2013)

《清洗消毒及灭菌技术操作规范》(WS 310.2—2016)

《洁净室施工及验收规范》(GB 50591—2010)

《医用诊断 X 射线设备高压电缆插头、插座技术条件》(GB/T 10151—2008)

《医院安全技术防范系统要求》(GB/T 31458—2015)

《医疗机构患者活动场所及坐卧设施安全要求》(WS 444.1—2014)

《临床核医学工作场所放射防护与检测评价规范》(DB31/T 1052—2017)

《建筑给水排水设计规范》(GB 50015—2003)

《生活饮用水卫生标准》(GB 5749—2006)

《建筑设计防火规范》(GB 50016—2014)

《建筑内部装修设计防火规范》(GB 50222—2017)

《供配电系统设计规范》(GB 50052—2009)

《建筑物防雷设计规范》(GB 50057—2010)

《建筑照明设计标准》(GB 50034—2013)

《通用用电设备配电设计规范》(GB 50055—2011)

《地表水环境质量标准》(GB 3838—2002)

《民用建筑供热通风与空气调节设计规范》(GB 50736—2012)

《通风与空调工程施工质量验收规范》(GB 50243—2012)

《汽车库、修车库、停车场设计防火规范》(GB 50067—2014)

《人民防空地下室设计规范》(GB 50038—2005)

《公共建筑节能设计标准》(GB 50189—2005)

《民用建筑工程室内环境污染控制规范》(GB 50325—2010)

《环境空气质量标准》(GB 3095—2012)

《建设项目环境风险评价技术导则》(HJ 169—2018)

《城市区域环境噪声标准》(GB 3096—2008)

2. 2021版《综合医院建设标准》调整要点

我国在2008年12月1日颁布了《综合医院建设标准》(建标110—2008),近年来由于医疗建筑的快速发展,医院建筑出现了许多新模式、新形式和新做法。原有的《综合医院建设标准》(建标110—2008)已不能适应当下快速发展的医疗建筑的需求。

为更好适应当代医疗建筑需求,新的医院建设标准应运而生。编者将《综合医院建设标准》(建标110—2021)与《综合医院建设标准》(建标110—2008)进行了对比,新发布的标准对原标准进行了较大幅度的调整。现将调整的要点归纳如下。

(1) 适用对象

原标准:适用于建设规模在200～1 000张病床的综合医院新建工程项目。一般情况下,不宜建设1 000床以上的超大型医院,如需建设1 000床以上医院时,可参照执行。改建、扩建工程项目可参照执行。

新标准:适用于综合医院新建、改建和扩建工程项目。

(2) 建设规模

原标准:综合医院的建设规模按病床数量分为200床、300床、400床、500床、600床、700床、800床、900床和1 000床9种。

新标准:综合医院的建设规模按病床数量分为200张床以下、200～499床、500～799床、800～1 199床和1 200～1 500床5个级别。

(3) 建设项目

原标准:综合医院建设项目由急诊部、门诊部、住院部、医技科室、保障系统、行政管理和院内生活用房7项设施构成。承担医学科研和教学任务的综合医院,尚应包括相应的科研和教学设施。

新标准:综合医院建设项目由场地、房屋建筑、建筑设备和医疗设备组成。场地包括建筑占地、道路、绿地、室外活动场地和停车场等;房屋建筑主要包括急诊部、门诊部、住院部、医技科室、保障系统、业务管理和院内生活用房等;建筑设备包括电梯、物流设备、暖通空调设备、给水排水设备、电气设备、通信设备、智能化设备、医用气体设备、动力设备和燃气设备等;医疗设备包括一般医疗设备和大型医用设备;承担预防保健、医学科研和教学培训任务的综合医院,还应包括相应预防保健、科研和教学培训设施。

(4) 大型设备用房

原标准:磁共振成像装置、X 线计算机体层摄影装置、核医学、高压氧舱、血液透析机等大型医疗设备以及中、西药制剂室等设施,应按照地区卫生事业发展规划并根据医院的技术水平和实际需要合理设置,用房面积单独计算。

新标准:正电子发射型磁共振成像系统等大型医用设备的房屋建筑面积,可参照表 2-6 的面积指标增加相应建筑面积。

(5) 建设用地面积指标

原标准:见表 2-1。

表 2-1 建设用地面积指标(原标准)

建设规模	200～300 床	400～500 床	600～700 床	800～900 床	1 000 床
用地指标	117 m^2/床	115 m^2/床	113 m^2/床	111 m^2/床	109 m^2/床

新标准:见表 2-2。

表 2-2 建设用地面积指标(新标准)

建设规模	200 床以下	200～499 床	500～799 床	800～1 199 床	1 200～1 500 床
用地指标	117 m^2/床	115 m^2/床	113 m^2/床	111 m^2/床	109 m^2/床

(6) 出入口

原标准:未提及。

新标准:综合医院应设置 2 处及以上出入口,污物出口宜单独设置。

(7) 建筑密度

原标准:未提及。

新标准:新建综合医院建筑密度不宜超过 35%,容积率宜为 2.0。改建、扩建项目容积率可根据实际情况及当地规划要求调整。综合医院绿地率应符合当地规划的有关规定,新建综合医院应有较完整的绿化布置方案,设置相应的室外活动场地,绿地率不宜低于 35%。

(8) 建筑面积指标

原标准:综合医院中急诊部、门诊部、住院部、医技科室、保障系统、行政管理和院内生活用房 7 项设施的床均建筑面积指标,应符合表 2-3 的规定。

表 2-3　建筑面积指标(原标准)

建设规模	200～300 床	400～500 床	600～700 床	800～900 床	1 000 床
建筑面积指标	80 m^2/床	83 m^2/床	86 m^2/床	88 m^2/床	90 m^2/床

新标准:综合医院中急诊部、门诊部、住院部、医技科室、保障系统、业务管理、行政管理和院内生活用房 7 项设施的床均建筑面积指标,应符合表 2-4 的规定。

表 2-4　建筑面积指标(新标准)

建设规模	200 床以下	200～499 床	500～799 床	800～1 199 床	1 200～1 500 床
建筑面积指标	110 m^2/床	113 m^2/床	116 m^2/床	114 m^2/床	112 m^2/床

(9) 单列项目房屋建筑面积指标

原标准:磁共振成像装置等单列项目的房屋建筑面积指标参照表 2-5。

表 2-5　单列项目的房屋建筑面积指标(原标准)

项目名称		单列项目房屋建筑面积(m^2)
医用磁共振成像设备(MRI)		310
正电子发射型电子计算机断层扫描仪(PET)		300
X 线电子计算机断层扫描装置(CT)		260
数字减影血管造影 X 线机(DSA)		310
血液透析室(10 床)		400
体外震波碎石机室		120
洁净病房(4 床)		300
高压氧舱	小型(1～2 人)	170
	中型(8～12 人)	400
	大型(18～20 人)	600
直线加速器		470
核医学(含 ECT)		600
核医学治疗病房(6 床)		230
钴-60 治疗机		710
矫形支具与假肢制作室		120
制剂室		按《医疗机构制剂配置质量管理规范》执行

注:1. 本表所列大型设备机房均为单台面积指标(含辅助用房面积)。
2. 本表未包括的大型医疗设备,按实际需要确定面积。

新标准:正电子发射型磁共振成像系统等大型医用设备的房屋建筑面积,可参照表 2-6 的面积指标增加相应建筑面积。

表 2-6　单列项目的房屋建筑面积指标(新标准)

项目名称	单列项目房屋建筑面积(m^2)
正电子发射型磁共振成像系统(PET/MR)	600
X 线立体定向放射治疗系统(Cyberknife)	450
螺旋断层放射治疗系统	450
X 线正电子发射断层扫描仪(PET-CT,含 PET)	300
内窥镜手术器械控制系统(手术机器人)	150
X 线计算机断层扫描仪(CT)	260
磁共振成像设备(MRI)	310
直线加速器	470
伽马射线立体定向放射治疗系统	240

注:1. 本表所列大型设备机房均为单台面积指标(含辅助用房面积)。
　2. 本表未包括的大型医疗设备,按实际需要确定面积。

(10) 预防保健用房面积

原标准:综合医院内预防保健用房的建筑面积,应按编制内每名预防保健工作人员 20 m^2 增加建筑面积。

新标准:综合医院的预防保健用房应按 35 m^2/人的标准增加预防保健建筑面积。

(11) 科研用房面积

原标准:承担医学科研任务的综合医院,应以副高级及以上职称专业技术人员总数的 70%为基数,按每人 32 m^2 的标准增加科研用房。

新标准:承担医学科研任务的综合医院,科研用房面积按照 50 m^2/人的标准增加科研建筑面积。开展动物实验研究的综合医院应根据需要增加适度规模的实验动物用房。开展国家级重点科研任务的综合医院,国家级重点实验室按照 3 000 m^2/个的标准增加相应实验用房面积;承担国家、国际重大科研项目的综合医院可根据实际业务需求单独报批。

(12) 教学用房配置

原标准:见表 2-7。

表 2-7 教学用房配置建筑面积指标(原标准)

医院分类	附属医院	教学医院	实习医院
建筑面积指标	8～10 m^2/学员	4 m^2/学员	2.5 m^2/学员

注:学员的数量按上级主管部门核定的临床教学班或实习的人数确定。

新标准:见表 2-8。

表 2-8 教学用房配置建筑面积指标(新标准)

医院分类	附属医院、教学医院	实习医院
建筑面积指标	15 m^2/学员	5 m^2/学员

注:学员的数量按主管部门核定的临床教学班或实习的人数确定。

(13) 住院医师、助理全科医生规范化培训用房

原标准:未提及。

新标准:承担住院医师规范化培训、助理全科医生培训等的综合医院应增加 1 000 m^2 的培训用房建筑面积,并根据主管部门核定的培训规模,按照 10 m^2/学员的标准增加教学用房建筑面积,按照 12 m^2/学员的标准增加学员宿舍建筑面积。

(14) 图书馆等文化活动用房面积

原标准:未提及。

新标准:综合医院可结合实际情况建设图书馆等文化活动用房,并按照 0.6～1 m^2/人的标准增加建筑面积。

(15) 建筑形式

原标准:综合医院宜以多层建筑为主。

新标准:综合医院建筑宜以多层、多层及高层组合形式为主。

(16) 电梯设置

原标准:未提及。

新标准:综合医院三层及三层以上的医疗用房应设电梯,且不得少于 2 台,其中 1 台应为无障碍电梯。病房楼应单设污物电梯。污物梯和供患者使用的电梯应采用病床梯。

(17) 医患交流室、医护人员休息区

原标准:未提及。

新标准:病房、手术室等区域应设置医患交流室、医护人员休息区等。医务人员工作区

宜设置医务人员专用卫生间等必要保障设施，有条件的情况下，门诊诊区可设置医务人员专用通道。

（18）院区管网

原标准：综合医院的院区管网应采用分区专线供应。

新标准：综合医院的院区管网应合理规划，宜采用综合管廊。

（19）投资估算

原标准：综合医院的投资估算，应按国家现行有关规定编制。

新标准：综合医院建设项目的工程造价或投资估算应按照国家现行的有关规定编制。综合医院的经济评价与后评价应执行国家现行的有关建设项目经济评价与参数的规定。

2.2 医院设计内容

医院建筑与其他公共建筑不同，具有使用者众多、使用频率高、技术复杂的特点，是一项复杂的系统工程。具体项目的实施过程都不同程度地反映出当前科学技术的发展对医院规划与设计理念的影响。这种影响不仅涉及医学与医疗技术装备，还涉及建筑与建筑装备技术；此外，在医院的改扩建工程中，还涉及如何改善医疗环境、适应医院现代化建筑要求。

医院建筑的组成关系十分复杂，医院人流量、物流量很大，且各个部门的关系密切，人员、信息及物品在各部门之间流动频繁，医疗工艺和流程要求较高。医院设计内容涵盖面广，具有跨学科、跨专业等特点，对于各专业的协同和专项设计之间的统筹有很高的要求，是一项多方位协调的庞大设计工程。为提高设计效率，加快建设进度，对医院设计过程中所涉及专业要有完整的概念和清晰的认识。医院项目设计涉及的内容具体见表 2-9。

表 2-9　医院项目设计涉及的内容

分类	序号	专项名称	设计单位
基本专业	1	建筑设计	建筑设计院
	2	结构设计	建筑设计院
	3	给排水设计	建筑设计院
	4	电气设计	建筑设计院
	5	暖通设计	建筑设计院

（续表）

分类	序号	专项名称	设计单位
基本专业	6	总图设计	建筑设计院
	7	整体概算	建筑设计院
	8	弱电智能化	专项设计
一般专项	9	绿色建筑及海绵城市设计	建筑设计院
	10	室内装饰设计	专项设计
	11	景观设计	专项设计
	12	BIM 设计	专项设计
	13	泛光照明设计	专项设计
	14	幕墙设计	专项设计
	15	钢结构设计	专项设计
	17	基坑围护	专项设计
	18	厨房设计	专项设计
	19	室外雨水回收	专项设计
	20	室外管线综合设计	专项设计
	21	燃气设计	专项设计
	22	市政接驳工程设计（地铁、公交）	专项设计
	23	医用机停机坪设计	专项设计
	24	人防设计	专项设计
	25	防洪设计	专项设计
	26	河道改造	专项设计
	27	日照分析	专项设计
	28	标识标牌设计	专项设计
	29	高低压配电房设计	专项设计
医疗专项	30	医用净化设计	专项设计
	31	医用气体设计	专项设计
	32	医学屏蔽防护设计	专项设计
	33	高压氧舱	专项设计
	34	医用纯水	专项设计
	35	物流系统	专项设计
	36	污水处理	专项设计

（续表）

分类	序号	专项名称	设计单位
医疗专项	37	医用洗衣房设计	专项设计
	38	专业实验室设计	专项设计

各设计专业的界面是医院设计管理的关键点，只有明确所有的专业及专项系统的内容和各专业之间的界面与范围，才能尽可能地避免施工阶段的变更与返工。

1. 主体建筑安装设计

主体建筑安装设计的专业包含建筑、结构、给排水、暖通、强电、消防等（基坑围护、室外市政与配套管线、地下人防设计也要纳入主体建安设计的范围）。其中，地下人防设计须提前与当地人防办沟通确定项目的人防等级和类别；如存在设计资质限制问题时，可以分包给专业的人防设计院完成。

2. 室内装饰设计

首先应明确室内装饰设计的范围和档次。除手术室、实验室、静脉配置中心等有特殊要求的区域，其他区域室内装饰设计时都应包含在内。医院的室内装饰设计应以简洁为主，用简洁的材质组合来丰富视觉效果，营造出令人愉悦的环境。在装饰材料选择方面，应把握的原则有耐磨性高、抗腐蚀、隔音效果强、环保、抗菌、便于清洗等。在色彩选择方面，应以浅色为主，避免出现红色或刺激性、反差性很强的色彩，以免引起患者的紧张感。同时，在设计时应时刻考虑无障碍设施的设置，在患者能够到达的任何位置都要考虑无障碍设施。

室内装饰设计时，必须将吊顶内的空调出风口、回风口、喷淋、烟感、灯具、监控、病房内的盐水吊钩、床帘轨道等位置进行统筹设计和整合布置。暖通和电气、消防等专业需要根据装饰设计的点位图进行调整和完善，调整后的安装施工图作为现场安装单位预埋和施工的依据。

3. 幕墙设计

幕墙干挂的材料应用较多的有石材、金属铝板、玻璃等。幕墙设计应包含钢结构、网架屋面、轻钢雨棚等局部的钢结构工程。

4. 室外景观设计

室外景观设计包括用地红线范围的室外空间的景观绿化、道路、停车场、雕塑小品、泛光照明、夜间亮化设计等。

5. 室外市政管线综合

在供电、供水、通信、排污、燃气等配套部门完成各专业配套图纸后，设计单位负责各专业配套图纸的综合与协调。

6. 标识标牌设计

标识系统的设计和施工应与装修工程充分融合。建议在装饰设计阶段即启动标识导向系统的专业设计。内容包含建筑单体标识、出入口标识、道路指引、总平面、各单体功能单元、房间标牌、层级安排、距离设置等。

第 3 章　医院设计一级流程

医院建筑和一般的民用建筑不同，是具有特殊功能的公共建筑，医院建设的基本要求是否准确，在医院建设中起到关键作用。在医院项目建设管理过程中，医疗工艺是不可或缺的重要内容，也是设计的重要参考因素，贯穿整个建设过程。因此，尤其对于综合性医院项目设计，医疗工艺流程必然是整个项目设计流程及设计管理控制的主线。

本章以某新建三甲医院为例，对医院项目的初步规划以及医院所特有的建筑内容做了详尽的阐述，以期医院建设管理者可根据各自不同的需求加以取舍，即可生成设计任务书中的主要设计要求。在总体布局时，对不同的建设类型应考虑不同的侧重点。图 3-1 为某新建三甲医院设计鸟瞰图。

图 3-1　某新建三甲医院设计鸟瞰图

医院设计基本要求分为医疗规划和项目基本情况两大部分内容。

(1) 医疗规划。主要内容有医院类别、医院性质、服务对象、服务半径、医院定位与规模、项目性质、办医主体、医疗规划(重点学科)、人员编制组成、特殊医技项目等。在前期策划阶段充分调研这些数据，不仅仅是为了完善设计任务书，还能在医疗工艺设计中起到巨大作用，能够充分帮助建设单位明确自身需求，减少后期失误，节约成本和时间。

(2) 项目基本情况。主要内容有建设面积、规划红线、用地红线、容积率、限高、绿地率、地质、气候、水文、景观、日照、噪声、城市配套水电条件、公共交通枢纽情况、投资要求等。这些条件一般统称为“外部影响因素”，在前期策划中也应当重视，设计单位不能只考虑医院项目本身的各种要求而忽略了外部的制约条件。以上因素决定了医院的定位和基本要求，为后续设计和项目实施做好完备的准备工作能够避免在后期项目实施过程中出现遗漏和偏差调整。

3.1 医院选址

医院建筑的选址十分重要，其涉及诸多方面的因素，图 3-2 为某新建医院周边规划参考图。选址区位要符合城市区域卫生资源分布规划和城市总体发展的长期规划。在选址论证阶段，要分析场地的现状及具备的条件，如生态安全条件、交通条件、市政管网通信条件等。同时，应满足《综合医院建筑设计规范》(GB 51039—2014)的规定。

图 3-2　某新建医院周边规划参考图

(1) 选址：综合医院选址应符合当地城镇规划、区域卫生规划和环保评估的要求。

(2) 基地选择应符合下列要求：

① 交通方便，宜面临 2 条城市道路；

② 宜便于利用城市基础设施；

③ 环境宜安静，应远离污染源；

④ 地形宜力求规整，适宜医院功能布局；

⑤ 应远离易燃、易爆物品的生产和储存区，并应远离高压线路及其设施；

⑥ 不应临近少年儿童活动密集场所；

⑦ 不应污染、影响城市的其他区域。

3.2　医院定位

医院总体规划不仅包括总体建设规划，还包括总体医疗规划，是医院宏观层面较为长远的发展计划。医院的发展必须整体规划，不仅需要根据区域卫生规划、医疗机构设置规划、经济发展、服务半径、服务人群等情况综合分析，还要考虑医院的功能定位、历史和发展所形成的医院文化、专科特点等因素，结合医院短期、中期和远期的发展规划逐步进行建设。

医院总体规划的确定要结合上级医疗主管部门对医院规模的规划（包含发展规划）来进行，只有进行医院建设项目可行性分析，才能更好地掌握医院的发展方向。

3.2.1　医院规模

明确医院的建设目标和现有情况是支持医院发展的必要途径，这在改建和迁建项目中显得尤为重要。科学合理地规划建设区域内的医疗设施，可以满足区域内的医疗卫生服务需求，提升区域医疗发展的水平。

医院医疗设计规模调查表详见表 3-1。

表 3-1　某新建三甲医院医疗设计规模调查表

序号	调查内容	设计规模	单位
1	年门诊量	1 250 000	人次
2	日均门诊人数	5 000	人次/日
3	年急诊量	70 000	人次
4	日均急诊人数	200	人次/日
5	年手术量	25 000	台

（续表）

序号	调查内容	设计规模	单位
6	主要手术类型	1 级、2 级、3 级、4 级	
7	年出入住院量	60 000	人次
8	平均住院天数	7	天
9	床位使用率	95	%
10	项目概算	15	亿元

医院建筑设计规模调查表详见表 3-2。

表 3-2　某新建三甲医院建筑设计规模调查表

序号	调查内容	设计规模	单位
1	建设用地面积	10 万	m^2
2	总建筑面积	18 万	m^2
3	地下室面积	5.7 万	m^2
4	总床位数	1 200	床
	各类用房建筑面积及构成		
5	门诊部	16 000	m^2
6	急诊部	3 600	m^2
7	住院部	53 000	m^2
8	医技部（扣除大型医疗设备）	26 000	m^2
9	行政办公区	7 500	m^2
10	科研用房	6 500	m^2
11	教学用房	3 000	m^2
12	车库	54 000	m^2
13	大型医疗设备用房	详见表 3-3	m^2
14	后勤保障系统用房	7 300	m^2
15	生活配套用房	6 000	m^2
16	床均建筑面积	75	m^2/床
17	地上停车位	265	辆
18	地下停车位	939	辆

大型设备用房设计规模调查表详见表 3-3。

表 3-3　某新建三甲大型设备用房设计规模调查表

序号	调查内容	设计规模	单位
1	CT	5	台
	面积	1 300	m^2
2	MRI	4	台
	面积	1 240	m^2
3	DSA	2	台
	面积	620	m^2
4	PET-CT	1	台
	面积	300	m^2
5	血透室	2 100	m^2
6	高压氧舱	400	m^2
7	核医学	600	m^2
8	直线加速器	470	m^2

3.2.2　医疗规划

为了减少后期建设中出现重大调整，必须进行充分的医疗规划，以某新建三甲医院为例，其主要内容如下。

(1) 医院类别

☑ 综合医院

□ 专科医院（口腔、妇产、儿科、康复，老年，其他________）

□ 中医医院

(2) 医院等级

☑ 三甲　□ 三乙　□ 二甲　□ 二乙　□ 其他

(3) 医院性质

□ 营利性　☑ 非营利性　□ 基本医疗　□ 高端医疗

(4) 服务对象

☑ 综合人群　□ 老人　□ 儿童　□ 妇幼　□ 其他

(5) 服务半径

服务80万人口

(6) 医院规模

目标等级三甲;床位数1 200张;门诊量5 000人次/日;急诊量200人次/日

(7) 办医主体

☑ 国有资本　□ 社会资本　□ 混合资本

(8) 办医模式

☑ 分院制(大专科,小综合)　□ 院中院制　□ 传统医院

(9) 医疗学科规划

重点学科和特色学科泌尿、肝胆、消化

(10) 特殊医技项目

☑ 高压氧舱　☑ 核医学　☑ 放疗中心　☑ 直线加速器　其他无

(11) 人员编制组成

总职工数1 800人;医生人数600人;护士人数900人;行政管理人员100人;其他人员200人

3.2.3 建设规模

以某新建三甲医院为例,其建议规模如下:

(1) 可用地面积:100 000 m^2(征用面积:100 000 m^2,自有土地0 m^2)。

(2) 建设面积:180 000 m^2。

(3) 规划要求:规划红线有;用地红线有;容积率1.23;限高50 m;绿地率36%。

(4) 环保要求:分析项目周边地质、气候、水文、景观、日照、噪声。

(5) 用电要求:提供项目周边城市配套供电情况。

(6) 用水要求:提供项目周边城市配套供水和排水条件情况。

(7) 用气要求:提供项目周边天然气供应情况。

(8) 城市交通要求:提供项目周边道路标高、公交、地铁交通枢纽情况。

(9) 文保要求:分析项目周边地下文物保护情况。

(10) 建设周期:是否有分期建设要求;计划分一期建设,一期建设内容为所有主体建筑;二期建设内容为无。

3.3　医院建筑总体规划

3.3.1　规范要求

《综合医院建筑设计规范》(GB 51039—2014)对总平面设计的要求如下：

(1) 合理进行功能分区，洁污、医患、人车等流线组织清晰，并应避免院内感染风险。

(2) 建筑布局紧凑，交通便捷，并应方便管理、减少能耗。

(3) 应保证住院、手术、功能检查和教学科研等用房的环境安静。

(4) 病房宜能获得良好朝向。

(5) 宜留有发展或改建、扩建余地，并作出拟发展或扩建规划。

(6) 应有完整的绿化规划。

(7) 对废弃物的处理应作出妥善的安排，并应符合有关环境保护法令、法规的规定。

3.3.2　医院的功能要求与分区

1. 功能要求

(1) 功能与分区合理。

(2) 洁污路线清楚分明，避免和减少各种交叉感染。

(3) 建筑布局紧凑合理不松散。

(4) 院区道路交通便捷，并留有足够的公用场地，管理方便。

2. 功能分区

(1) 医疗区：即门诊、医技、住院所形成的主体，应布置在相对平坦、日照及景观条件较好的部位。

(2) 感染医疗区：主要是传染病房、放射治疗用房等，应布置在医疗区和生活区的下风向，并有一定间距。

(3) 清洁服务区：包括医生宿舍、职工食堂、幼儿园、营养厨房等，一般位于医疗和生活区之间，便于双向服务，营养厨房应靠近住院部或直接设在住院部内。

(4) 污染服务区：包括洗衣房、锅炉房、冷冻机房、动物房、太平间等，应布置在用地的边缘地带，其中锅炉房应靠近厨房和食堂，冷冻机房靠近负荷中心，一般位于住院楼地下层。

(5) 职工宿舍区：贴邻清洁服务区布置，有单独对外的出入口。

以上分区要求严控感染可能，洁污分离、动静分区。

3.3.3 外部出入口及医院交通组织要求

1. 外部出入口

(1) 主要出入口：供门诊、急诊患者，出入院、探视、工作人员出入的主要出入口，位置明显，设置在次干道处。

(2) 供应出入口：供食物、药物、燃料出入的货运出入口，一般布置在次干道上；如与主要出入口位于一侧的，条件许可的情况下应拉开距离。

(3) 污物尸体出口：设于次干道，远离医疗区与生活区。

(4) 传染病房出入口：床位数在 25 床以上的，宜单独设置出入口。

2. 外部流线组织要求

(1) 传染与非传染分开。

(2) 洁净与非洁净分开。

(3) 住院与门诊分开。

(4) 过境流线避开患者庭院。

红线范围内的内部道路设置环形通道，地下车库入口应就近设置在主入口附近，高层建筑需设置足够的消防登高面及消防车出入通道。考虑不同类型车流(如出租车、网约车、自驾车、客车、急救车等)和人流的通行方式，满足人车分流。设置直升机停机坪，并与急诊部、手术室有专用通道连通。

一般传染门诊、病房在总平上独处一隅，常用的诊疗设施也单独设置，洁污分开，两种流线不产生交叉干扰，各行其道，单向运作。

3.3.4 医院的建筑环境设计要求

1. 规范要求

《综合医院建筑设计规范》(GB 51039—2014)对环境设计的要求如下：

(1) 充分利用地形、防护间距和其他空地布置绿化景观，并应有供患者康复活动的专用绿地。

(2) 应对绿化、装饰、建筑内外空间、环境和室内外标识导向系统等作综合性设计。

(3) 在儿科用房及其入口附近，宜采取符合儿童生理和心理特点的环境设计。

2. 一般性原则

(1) 以门诊、医技、住院区域为主体并加以综合，将行政办公、单身宿舍、中心供应、制剂、总务库房、变配电、空调设备用房加以归并，利用主体建筑的地下层、顶上层或附设于其他楼层等方式，依附于主体建筑。

(2) 一些大型特殊医疗设施如加速器、钴－60、氧舱、磁共振设备等，采取一定措施后也大都可以设于医技楼地下层或底层，营养厨房也可附设于住院部顶层或半地下层，减少建筑栋数，简化流线。

(3) 利用基地的某些突出部位，布置传染病房、太平间等间距要求大的建筑，并充分利用街道、水面等自然间隔来满足间距要求。

(4) 职工厨房、餐厅、管理用房、洗衣房、车库、动物房等也应设法分类组合归并，提高层数，节约基地。

(5) 医院紧凑布局的目的是保证留出足够的绿化用地和扩建预留地，为医院的可持续发展创造条件。医院按用地标准划拨的土地不能移作他用，医院生活区、院办产业等均不应挤占医院用地，以保证医院的绿化面积和环境品质。

3. 医院建筑的间距要求

(1) 因患者平均住院期一般在 15 日左右，有的更长，一般应以日照间距确定住院楼与相邻建筑的距离。

(2) 医技楼内放射设备要遮光，检验防直射光，手术靠无影灯，且大都需要空调，平面多采取板块式布置，除与住院楼相邻一面应考虑病房日照间距外，其余按消防间距即可。

(3) 因门诊患者在门诊楼停留的时间最多 2 小时，可采用自然采光通风，其与医技楼的间距按防火要求确定即可。

(4) 一般传染病房与非传染病房之间要有一定的防护距离。

(5) 太平间与病房、厨房、食堂之间应有 50 m 以上的距离，其他如锅炉房、动物房、洗衣房等服务用房与医疗用房之间应有 20 m 以上间距。

3.3.5 医院建筑的前瞻性规划

1. 医院发展中的变量

（1）医疗需求量的增长。

（2）疾病谱的改变。

（3）医疗技术装备的发展更新。

（4）医学模式、医院管理模式的变化。

（5）医院经济体制的变革。

（6）建筑老化。

2. 医院的应变原则

（1）应对医院的最终发展规模、装备水平和技术经济条件作全面分析，尽可能预见到发展的需要，争取做到统一规划、一次设计、分期实现。

（2）医院设计要远近期结合，以近期为主。应在首先满足近期基本要求的前提下，考虑将来的发展，而不能舍“近”求“远”。

（3）扩建必须使新老建筑形成统一协调的有机整体。

3. 医院的应变策略

（1）选择便于灵活发展的建筑基地和平面体形（“工”字形、“王”字形布局）。

（2）选择适应性较强的护理单元形式。

（3）选择平面布置灵活的结构体系（框架、轻板框架结构）。

（4）有增建设备层、调整剖面形式的可能性。

（5）设置一定的灵活空间。

（6）选择便于分期扩建的构造方案。

3.4 医院建筑设计

3.4.1 规范要求

《综合医院建筑设计规范》（GB 51039—2014）对建筑设计的要求如下：

(1) 建筑物出入口：

① 门诊、急诊、急救和住院应分别设置无障碍出入口；

② 门诊、急诊、急救和住院主要出入口处，必须有机动车停靠的平台，并应设雨棚。

(2) 电梯：

① 三层及三层以上的医疗用房应设电梯，且不得少于2台；

② 供患者使用的电梯和污物梯，应采用病床梯；

③ 医院住院部宜增设供医护人员专用的客梯、送餐和污物专用货梯；

④ 电梯井道不应与有安静要求的用房贴邻。

(3) 楼梯：

① 楼梯的位置应同时符合防火、疏散和功能分区的要求；

② 主楼梯宽度不得小于1.65 m，踏步宽度不应小于0.28 m，高度不应大于0.16 m。

(4) 通行推床的室内走道，净宽不应小于2.40 m。有高差者应用坡道相接，坡道坡度应按无障碍坡道设计。

(5) 50%以上的病房日照应符合现行国家标准《民用建筑设计通则》(GB 50352)的有关规定。

(6) 门诊、急诊和病房应充分利用自然通风和天然采光。

(7) 室内净高应符合下列要求：

① 诊查室不宜低于2.60 m；

② 病房不宜低于2.80 m；

③ 公共走道不宜低于2.30 m；

④ 医技科室宜根据需要确定。

(8) 护理单元的配餐室、浴厕、盥洗室等辅助用房的位置，应力求减少噪声对病房的影响。

(9) 病房的允许噪声级(A声级)昼间应小于或等于50 dB，夜间应小于或等于40 dB，隔墙与楼板的空气声的计权隔声量应大于或等于40 dB，楼板的计权标准化撞击声压级宜小于或等于75 dB。

3.4.2　医院的组成要求及各部分关系

(1) 门诊部：医院的前沿和窗口，接待不需住院的非急重患者就诊和治疗。

(2) 医技部:集中设置主要诊断、治疗设施的部门。

(3) 住院部:由出入院、住院药房和各科病房组成。

(4) 后勤部:中心供应、营养厨房、中心仓库、洗衣房等医疗辅助部门。

(5) 行政管理:包括接待、办公、会议、图书馆、研究室等。

(6) 生活服务:包括宿舍、食堂、商店、俱乐部等。

医院分为医疗、后勤和管理三大部门。医疗部分门诊在前,住院在后,医技介于二者之间,其中药房、检验、功能检查、放射、核医学等应靠近门诊布置,手术、分娩、中心供应等应适当靠近住院部。医院的组成要求可参照图 3-3。

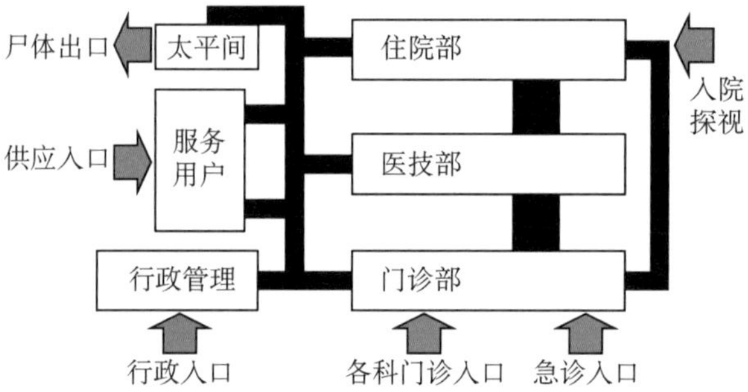

图 3-3 医院组成要求

3.4.3 医院建筑的组合形式选择

(1) 分散式:将门诊、住院、医技及后勤部分分栋建造。

优点:自然通风、采光良好,便于独栋建设;

缺点:交通路线长,运行负荷长,节能差,占地面积大。

(2) 集中式:将门诊各科、医技及住院、后勤部分集中在一栋建造。

优点:交通路线短,设备运行负荷短,节能好,占地面积小;

缺点:许多房间要靠机械通风和人工采光,自然通风、采光差。

(3) 综合式:结合了分散式和集中式的优点。门诊、住院、医技分建,并由连廊或连接体建筑组成有分有合的整体,各部分既联系方便,又具有相对的独立性,便于设置各自独立的出入口,枝状布置还能使各科室有一个安静的尽端。

医院的流线可参照图 3-4。

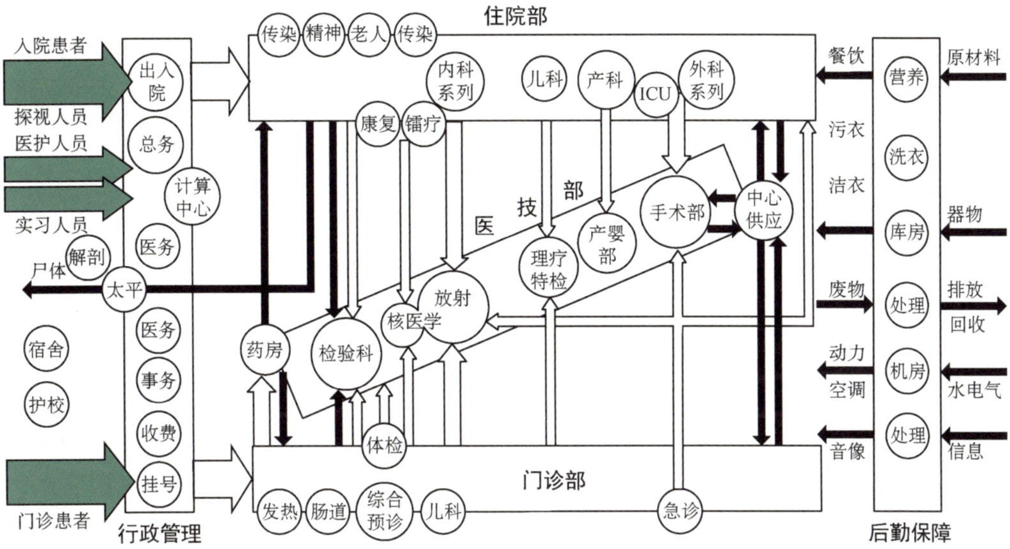

图3-4　医院流线图

3.5　医院交通组织

医院交通是否通畅，直接影响医疗秩序和医院的运行效率。医院室外的交通组织除应满足一般的道路交通要求外，还应符合医院的医疗流程，注意洁污分流，并充分考虑交通组织的可变性，以适应医疗流程的变化。

目前，老医院往往车流、人流混杂，交通环境恶劣，很难有效组织良好的交通。建筑师可借鉴城市交通的组织方式，在院内实行城市化交通，在总体规划上对车流、人流及物流给予合理安排，做到各行其道，实行地下走车、地面行人，尽量避免迂回、交叉，缩短路径，方便患者，以创造良好的医院地面环境。

3.5.1　医院室外交通组织层面

1. 医院室外交通组成

医院室外交通主要分为患者就医、访客探视、员工通勤和院内功能运输四大类。

2. 室外交通组织要求

(1) 在总体规划上对车流、人流分流给予合理安排。尽量避免迂回交叉，缩短路径，方便患者。

(2) 确保医院抢救绿色通道位于显著位置，拥有独立出入口，并与一般性医院道路分离。

(3) 急诊部设置独立的紧急出入口。

(4) 医院交通种类多、流量大，门诊前宜留出较大的广场，集散人流、车流，实行人车出入口分离，避免人车交叉，同时应设外来车辆的快速进出通道和出租车停靠港。须做到流线分离、内外分离、功能分离、口部明确。

(5) 院内道路应设环形车道，实行单行，以方便进出。主要道路设人行道，实行人车分离。不同的使用者在停车时间上有很大区别，在规划中就应针对门诊、住院、职工不同的停车要求，区别设置停车泊位和自行车停车场。

(6) 设置充足的停车场地，并留有充分余地。对于场地狭小的医院，立体机械停车是较好的选择。

(7) 院内道路必须平坦，尽量减小坡度，并要有足够的残疾人坡道，方便残障患者。

(8) 建议建立立体交通，以便捷的方式引导公交地铁人流，无缝对接公交车、出租车、网约车、私家车、救护车等，提高救治效率，减少医院带来的交通阻塞问题。

3.5.2 医院室内交通组织层面

综合医院建筑内部交通组织方式通常有水平与垂直交通组织两种。水平交通组织是指医疗街、员工通道、连廊等串联起医院各水平方向不同医疗功能组团的交通组织模式；垂直交通组织是指通过楼梯、扶梯、电梯等解决垂直方向不同医疗功能组团的交通组织模式。

医院与其他公共建筑的显著区别是建筑内水平与垂直交通组织的复杂性。人流有健康人(医护人员、其他人员)、患者和残重患者，物流有洁污之分。内部道路组织不当，空间序列不流畅，将会造成拥挤，使患者烦躁，增加交叉感染风险，甚至延误抢救患者。因此，内部交通组织在医院设计中极为重要。

1. 一般原则

(1) 人流组织要有明确的导向，减少不必要的往返。

(2) 内部道路应简洁明了，主道、辅道方向明确，相应空间变化有序，减少“迷宫”布局。

(3) 充分考虑垂直交通的运输量(特别是高层病房),同时注意洁污电梯的单独设置。门诊量大的医院,自动梯与垂直梯应统一组织,最大限度地快速输送患者,也是有效的交通组织手段。

(4) 医院主道和交通廊应合理设计,充分考虑患者的需求和体验感,有效解决患者的水平交通问题,让患者不走湿路(图 3-5)。

(5) 医疗功能合理布局,看病程序简单方便,医疗科室合理安排。

(6) 医护人员走道与患者走道分离(图 3-6),物流通道与人流通道分离。

(7) 医患流线分离,注重保护患者的隐私。

图 3-5　某医院医疗主道

图 3-6　医护人员通道

2. 医院各部门交通组织

医院主体门诊区、住院区、医技区各科室由于功能的不同,空间大小和布局都有各自的特点。因此,其内部交通组织往往有很大区别,设计中宜归纳汇总,把功能相近、空间形式相似、联系紧密的科室组织在一起,通过合适的交通系统串连组合。

1) 门诊区内部交通组织

门诊区作为医院对外的窗口,人流量巨大。考虑其交通量大及对弱势群体的关怀,门诊部往往设置在建筑的底层(多为 1～4 层),并采用分层叠加的形式。

门诊流程导致人流有汇集、疏散、再汇集的特点,因此门诊区交通组织的关键是解决各个楼层的科室与公共部门之间的联系。一般情况下,入口层设问询、挂号、收费、药房等部门;诊室设置则将人流量大或者患者行动不方便的科室尽量设在较低层,其他科室按人流量的减少由低往高分布。同一楼层布置功能相关的科室,通过水平交通连接;楼层之间通过垂直交通连接,并尽量采用扶梯配合电梯的模式来运输不同需求人流及物流。

2）住院区内部交通组织

住院区由出入院、护理单元、药房、静脉药物配置中心（简称“静配中心”）等辅助配套功能组成。出入院部设置在主出入口附近，同时周边设置配套商业餐饮等功能，护理单元以楼层为单元叠加布置。住院部设计重点关注垂直交通中的入口、出口、人流、物流以及药物、污物收集和运输，一般通过垂直交通中独立医梯、药梯、污梯等来解决。住院区若有2栋以上的住院楼，楼宇之间宜用连廊连通各自垂直交通体，以方便其医疗资源及功能的共享。

3）医技区内部交通组织

医技区按工作性质和任务，可分为以诊断为主、以治疗为主和以供应为主的科室。因此，医技区功能空间的形式不同，但大多需要大柱网、大空间，故一般将它们组团设置形成医技区。诊疗流程往往需要患者同时做多项检查和治疗，医技区的设置要避免患者因流线和诊疗项目的分散在不同科室之间的往返带来的交通混乱。参考门诊区，医技区也应将人流量大和急诊急救联系紧密的如检验、影像、功能检查等科室设在低楼层。楼层之间通过垂直交通连接，并尽量采用扶梯配合电梯的模式来运输大量不同需求的人流和物流。

4）各部门之间的交通组织

因门诊区与住院区都需要医技区的支持，故医技区往往布置在两区之间，个别医技科室只与门诊区或住院区有较紧密的联系，可以布置在门诊区或医技区中。

（1）医技检验、检查、影像、内镜等科室与门诊区关系密切，宜同样采用水平交通为主的交通模式并与门诊区贴近设置。

（2）手术、病理科、血库、ICU、中心供应等医技科室与住院区有密切的物流和人流联系，宜采用竖向的叠加模式与住院区一并设置，同时采用专用的垂直交通系统如电梯实现污物、标本、血液等物流的传输，打造快捷、高效、安全的交通流线。

3．院内物流组织

医院内部的物流组织是一个较为特殊的问题，在许多医院的总体规划中，还未引起足够的重视。医院内部物流组织形式对比详见表3-4。

表3-4 院内物流组织形式对比

类别	输送模式	传输重量和速度	输送物资类型	智能化程度	优缺点
医用气动物流传输系统	管道输送	≤5 kg, 5~8 m/s	标本、药品、小型器材、单据	中央控制、传输速度快,但整体运送效率不高	优点:对建筑结构要求较小;传输速度快。 缺点:运送量小,种类受限
轨道小车物流传输系统	轨道架空输送	≤15 kg, 0.6~1 m/s	标本、药品、小型器材、单据、文件、X线片、档案	中央控制、全流程监控、自动纠错,需人工输入起始地址,且需"叫车"程序	优点:应用范围广,较稳定。 缺点:需要预留竖井;运输中车体易翻转,不宜用于运输滴漏物品
AVG机器人物流传输系统	无轨地面输送	≤80 kg, 0.5 m/s	批量重型医院物资,如被服、餐饮、医疗废弃物	电梯轿厢式升降模式,全流程监控,自动装卸、自动充电,多模式切换	优点:可输送批量和大型物资。 缺点:需对原货梯改造,占用一些地面通道;需要根据使用需求设定运维系统模式并采购管理平台软件
箱式物流传输系统	输送线输送	≤50 kg, 水平0.4 m/s、垂直1.75 m/s	除污染物以外的所有物品	中央控制,全流程监控,差错自动报警,站点到护士站需要人工运输	优点:运输的物资种类广泛,平稳。 缺点:需要预留竖井,远距离水平运输需要设置转换层,站点处需要设置消防前室,占用建筑面积较大;轨道小型电机多,维修量较大;一旦发生故障,整条路线停运,容错率低

为更进一步地给医院物流系统的选型提供参考,本书在附录B中对现代医院智慧综合物流传输系统应用研究作了较为详细的阐述。

3.5.3 医院交通引导组织层面

1. 建筑设计要求

(1) 各功能口部特征明显,以便于患者快速识别道路。

(2) 各功能口部符合医院运行的内在逻辑,减少场地内无效交通。

(3) 结合停车场地构建各类型交通接驳区，做到停车、接驳区域分离并与医院垂直交通无缝对接；垂直交通与公共医疗街紧密联系。

(4) 预留医院标识设计应综合考虑室内外、地面、墙面、空中，尽量做到简洁、明了、美观，注意结合环境，使之成为环境设计的一部分。

2. 标志标识设计要求

在医院环境中，功能区域组成复杂，科室众多。要科学化、人性化地协调相互间的功能关系，在规划中必须认真考虑各部门科室、各种人流物流的走向及其相互之间的空间关系，引导标识系统只是这种关系的注解。这种合理的空间关系必须建立在建筑策划的基础上，是对医疗技术和医学模式、患者的需求及心理、社会及建筑环境进行综合评价的结果。

1) 引导标识系统的要求

(1) 简明性：一目了然，信息完整易懂，方位标识准确、明显。

(2) 连续性：像接力棒一样，在到达指示目标地之前，所有可能引起行走路线偏差的地方，均应有该目标地的引导指示。

(3) 规律性：由大到小，由表及里，由近及远，由多到少。例如，先指示大目标(如门诊、医技、住院等)，再指示中目标(如内科门诊)，最后由科室门牌标识来指示小目标(如具体诊室)。

(4) 统一性：同类(同区域)的引导标识应在其颜色、字体、规格、位置、表现形式等方面进行统一规划，有助于行人按系统线索寻找目标。

(5) 可视性：文字与背景的色彩应有明显的对比，应选用没有衬线的文字，文字应有足够的体量供行人在一定距离内准确辨认。在无障碍通道的标识设计中，要符合国家有关标准的规定。

2) 引导标识系统的种类

(1) 色彩引导标识

在医院的标识引导系统中，将色彩标识系统作为文字引导系统的一种补充，可按医疗功能分区来划分色彩区域。在此基础上，还可以根据其部位的重要性以及人流量再细分等级。

在同一区域级内，可以按科室设置划分出子级并赋予不同色彩；还可以根据患者活动空间和内部人员使用空间，用色彩划分出主级和副级。

(2) 文字及图形引导标识

文字及图形引导标识是整个室内环境标识系统中最重要的组成部分，通过文字或图形这种直接的方式,准确地表达所要说明的方位及其含义。

文字及图形引导标识主要由位置引导牌、楼层平面图形指示牌及门牌组成,其文字采用中文,也可根据需要添加英文或其他语种。参照母语优先的国际惯例,在横排中应采用中文在上、英文或其他语种在下的排列方式。

(3) 电子显示及多媒体引导系统

公共环境引导系统里还可引入电子显示和多媒体技术,如彩色及单色电子显示屏、电子触摸屏及语音信息接收器等。

在医院环境中,电子显示及多媒体引导系统可作如下规划:

① 在每一个门诊单元的护士站一侧的墙面上,设置一个单行电子显示屏,利用滚动或静止的文字来引导就医者就医。

② 在中央大厅设置一块大型电子显示屏,除了可以发布公告、播放广告、致辞或传播其他商业及医学科普等信息外,还可以介绍楼内的各功能区,引导就医者接受各项服务。

③ 在人流相对集中的关键部位,设置电子触摸屏。利用互动式的多媒体方式进行人机对话,使就医者主动、方便地查询楼内的各项设施、方位及到达所查询目的地的路径。

电子显示及多媒体引导系统属于高成本的引导系统,在布点上要与医院规划及管理人员反复讨论,真正做到物尽其用,避免造成不必要的浪费。

(4) 无障碍引导系统

随着人口老龄化程度的加深以及方便残疾人活动,在医院设置无障碍引导系统就显得尤为突出和重要。在无障碍引导系统设计中,针对老年人和残障人士应注意以下几个方面:

① 不容易听到声音的引导。老年人和听力障碍人群不易听到警笛警报,有时会出现生命危险,应使用醒目的文字提示引导。

② 不愿意向他人多打听。复杂的地方要有人员向导。

③ 总有不放心的感觉,总想反复确认。因此,在每一个路口都需要设置导向标识。

④ 轮椅使用者视点较低,过高或过低位置的小字不容易看到。

⑤ 在轮椅不能通过的路段,要在路口设置预告标识并在相应的导向图上标示清楚。

⑥ 可以使用轮椅的厕所,要有明显的引导标识。

⑦ 对全盲者来说，需要提高声音、脚感（地板的变化、点字砖等）、手感（扶手、浮雕文字、有凹凸的地图、点字盲文等）来导向。

⑧ 对弱视者来说，文字要大、明暗分明，对标志要有照明。

⑨ 色盲、色弱者对以色彩为主的标记难以辨认。

在医院环境内，楼梯间、电梯口等关键危险部位的地面还应考虑采用起到警示失明者作用的凸起式感触圆点。有些部位要采用闪烁式诱导声装置灯，采用综合办法提供引导。

3.6 医院景观

3.6.1 医院环境绿化的重要性

绿色环境不仅有滞尘、降温、保湿、净化空气、涵养水土的作用，还可调节和改善人的机体功能。在绿色环境中，人的体表温度可降低1～2.2℃，脉搏平均减缓4～8次/min，且能使人呼吸放缓，血流舒缓，紧张的神经系统得以松弛，对于高血压、神经衰弱、心脏病和呼吸道疾病能起到间接的治疗作用。

3.6.2 景观设计要求

(1) 在全院范围内分散设置景观活动区，患者动线上的通道便捷无阻碍，尽量不设置台阶。

(2) 步道宽度、坡度要体现人性化，并进行防滑处理，方便患者行走。

(3) 增设残疾人坡道，沿途设置扶手。

(4) 选择安全、美观、适应性强的树种，避免采用具有浓烈香味的鲜花品种。

(5) 尽可能增加院内绿化景观：

① 设置屋顶花园以及垂直绿化。

② 提高绿化覆盖率和树冠体积系数，地面绿化应实行套种，广铺草坪，并多配置常绿乔木。

③ 设置生态停车场。

图3-7所示为某医院景观效果图。

图3-7　景观效果图

3.7　医院安全

3.7.1　患者安全要求

（1）在卫生间、坡道等易跌倒位置设置紧急呼叫装置和扶手。

（2）公共区域、转角过道区域设置摄像头，门诊、急诊、住院大厅设置保安值班点。

3.7.2　医护人员安全要求

（1）谈话室设置紧急呼叫装置、摄像头、录音装置。

（2）医护人员区域设置门禁，禁止患者进入。

（3）检验科、病理科、护士站设置洗眼器。

3.8　医院设计进度

通常，医院的设计施工图以出蓝图为完成标准。由于医院设计专业较多，内容繁杂，各个专业施工前后关系紧密，特别是医疗专项设计与今后医院的正常使用关系更大。为使各专业有效相互配合，减少施工修改和返工，构筑完整的医院整体，要求医院各专业设计（包括医疗专项设计）在建筑（结构、水电暖等主要专业）施工图设计时就参与配合或同步启动。医院设计进度要求详见表 3-5。

表 3-5　医院设计进度要求

内容	概念设计	方案设计	初步设计	施工图设计
基本专业	建筑设计、总图设计	—	结构设计、给排水设计、电气设计、暖通设计、弱电智能化、整体概算	—
一般专业	—	室内装饰设计、景观设计、幕墙设计、市政接驳工程设计（地铁、公交）、人防设计	绿色建筑及海绵城市设计、泛光照明设计、污水处理设计、厨房设计、燃气设计、直升机停机坪设计、防洪设计、河道改造	钢结构设计、基坑围护设计、室外雨水回收设计、室外管线综合设计
医疗专项	—	—	医用净化设计、医用气体设计、医学屏蔽防护设计、高压氧舱设计、医用纯水设计、物流系统设计、智能污物收集设计、洗衣房设计、实验室设计	—

3.8.1　室内装饰设计

装饰方案设计的最宜启动时间是初步设计确定后（但最迟不得晚于主体结构封顶前 6～8 个月），以便家具平面布置和吊顶的排版能在建筑施工图中完整地体现出来，避免各专业配套的二次调整。这是非常理想的专业衔接状态。

如在主体结构封顶后才启动室内装饰设计，很有可能造成主体结构验收后装饰施工单位未及时进场，现场出现停工的局面。

装饰工程从装饰方案设计、施工图设计、工程量清单编制、主材品牌调研到组织招标等一系列过程，至少需要 6～8 个月时间。等到主体结构封顶后才慢慢考虑装饰设计的想法是严重错误的，将对工期、造价均造成重大影响。

3.8.2　弱电智能化设计

弱电智能化设计应和室内装饰设计同步进行。设备家具的平面布置会影响弱电的点位设置，很多弱电设备终端也需要强电插座，二者关系密切。在主体土建施工阶段，会涉及很多弱电套管的预埋工作。因此，弱电智能化设计建议在初步设计完成后进行，与室内装饰设计同步启动。

3.8.3　幕墙设计

因上部主体结构须进行幕墙主龙骨和外墙连接件的预埋工作，预埋件的位置必须以施工图为依据，故理想状态是在地下室顶板完成浇筑后，即完成幕墙专项设计。

如错过预埋时间，也可采用化学锚栓后植的办法进行连接件的埋设，但也必须在主体结构封顶前3～4个月完成幕墙施工图设计，为组织幕墙施工招标预留出合理的时间，并保证在主体结构验收后立即进行幕墙的施工，避免现场出现停工。

3.8.4　医用净化设计

手术台上方层流位置需预留孔洞，建议在主体结构楼板浇筑前进行预留，避免后期开孔后的二次加固。因此，须在手术部所在楼层的上一层楼板结构浇筑前完成洁净工程施工图设计。

3.8.5　医用气体设计

建筑施工图设计时应先确定好气源的方式，如氧气的气源方式常用的有液氧、制氧机和汇流排三种。采用液氧罐的，应在总平面中留出液氧罐的位置，消防要求须和建筑物距离25 m以上；采用制氧机的，应留出机房位置，预留好空间后，最迟须在装饰工程封顶前完成管道埋设工作。因此，建议在装饰工程施工招标阶段完成医用气体专项设计工作。

3.8.6　物流系统设计

如采用轨道小车物流传输系统（图3-8），必须和建筑施工图设计同步进行，充分考虑小车的运行空间。如采用气动物流传输系统（图3-9），对建筑空间要求相对较小，可以适当延后，但也必须在主体结构封顶前完成设计，气动站点对装饰设计有一定的影响。

图 3-8 医院轨道小车物流

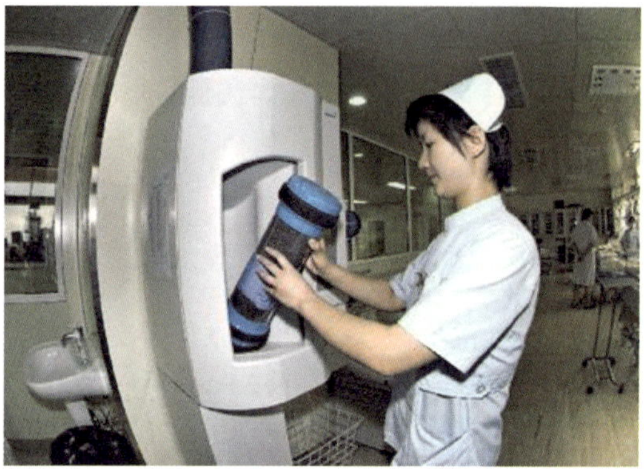

图 3-9 医院气动物流

3.8.7 室外景观和配套设计

室外市政和景观的施工周期一般为 5 个月左右，考虑设计和招标时间，最迟须在竣工验收前一年启动专业设计工作。在进行建设工程规划许可证报批时的总平面图应充分考虑门卫、垃圾房、污水处理站、围墙、立体停车架等附属工程的设置；否则，会在规划验收时遇到麻烦。室外景观专业设计时，应尽量尊重原总平面的格局；如出现较大调整，还须到规划主管部门进行重新确认。当然，理想的状态是规划报批的总平面图直接包含室外景观专业设计图。

3.8.8 污水处理设计

污水处理站的位置应在总平面图中事先规划好，污水处理池的混凝土结构工程一般由建筑设计院进行结构设计，结构施工一般纳入室外工程。应在室外市政与景观工程招标前完成污水处理工程的专项深化设计，明确污水处理池的位置和尺寸要求。

3.8.9 其他专项设计

其他专项设计应尽量与室内装饰设计同步进行，各专项系统的工艺流程、配套预留都和装饰工程紧密相关，最迟必须在主体结构验收前完成专项设计，给装饰和安装配套留出时间。

3.8.10 机电设备设计

医院有两大类设备——建筑设备和医疗设备。虽然设备不存在专项设计，但是也都涉及二次配套深化设计，如设备基础尺寸、电梯井道和底坑、机房尺寸、医疗设备的空间尺寸、空间环境、强弱电配套等。建筑设计院在施工图设计时是按照最常用的设备品牌进行预留的，如与最终采购的品牌不一致，就必须进行二次配套尺寸的深化设计，可以通过技术联系单的方式来解决。因此，建筑设备和医疗设备的采购时间的确定要考虑为二次配套尺寸的深化调整留足时间，避免结构返工。这也是设计管理的重要内容。

第 4 章　医院设计二级、三级流程

医院各临床科室具有不同的医疗功能，有着不同的医疗需求和工艺流程，因此对医疗建筑的具体设计需求也各不相同。本章以某新建 1 200 张床位的三甲医院为例，对医院各科室的医疗需求和工艺流程进行了梳理，提出了各科室个性化的设计要求，以帮助医院建设管理者了解各科室的工艺流程和各种要求，使设计者能直观掌握医院各科室的面积关系、功能需求和医疗流程，以满足各科室的使用要求。医院基本功能分类和面积比例见表 4-1。

表 4-1　基本功能分类和面积比例

名称	面积	范　围
急诊部	3%	急救、分诊、挂号、收费、诊室、EICU、医技用房、治疗室、留观室、抢救区、清创室等
门诊部	15%	分诊、挂号、收费、候诊和二次候诊以及各科室（内科、外科、妇产科、儿科、眼科、耳鼻喉科等）的门诊诊室等
住院部	39%	出入院服务、各科室的（内科、外科、妇产科、儿科、眼科、耳鼻喉科等）病房、ICU 等
医技科室	27%	手术部、麻醉科、影像中心、超声中心、功能检查、中心供应室、介入治疗、内镜中心、药学部、检验科、病理科、血透室、血库、生殖中心、生物细胞治疗中心、高压氧舱、直线加速器、核医学、放疗中心等
保障系统	8%	医疗器械库房、医疗设备库房、消控和监控室、安保用房、锅炉房、冷冻机房、配电房、各类水泵房、电梯机房、通信机房、医用气体机房、保洁用房、值班用房、护工用房、总务库房、快递收发室、废品库房、被服间、污水处理站、医疗垃圾处理站、太平间、标本库、生活垃圾房、机动车车库、非机动车车库等
业务管理	4%	门诊办公室、病案室、医保办、出入院管理科、院内感染控制科、营养科、财务室、行政办公室、会议室、接待室、报告厅、信息中心等
院内生活	4%	职工宿舍、职工食堂及厨房、院内商业等

注：本表分类对应《综合医院建设新标准》（建标 110—2021），其中 7 项用房（占床均建筑面积指标的比例）面积比例值，既参考了新标准指标，也结合了市场调研的实践经验，供读者参考。

4.1　医院基本科室

4.1.1　急诊部

急诊部主要是对各个临床专业的急性病或慢性病的发作进行诊断、评估及治疗，对急诊中毒进行救治、复苏，以及进行创伤、灾难的紧急医疗救援。根据医院规模的不同，急诊部的设置可大可小，分为独立型和附设型。同时，急诊部应分为急诊和急救两个区域，并将两入口分开设置，提升抢救效率。

1. 空间要求

急诊部应设置在距离主要交通最近的位置，便于急救车辆到达，应靠近影像中心、超声中心等科室，并且与手术部有快速通道相连接，应设置单独的挂号室和药房。

2. 科室构成

急救医疗服务体系包括院前急救护送、院内急救和院内监护三个部分，科室构成详见表 4-2。

急诊部必须配备的用房包括抢救室、诊查室、治疗室、观察室、护士室、值班更衣室、污洗室、杂物储藏室等。

表 4-2　急诊部的科室构成

房间/区域名称	单位面积(m^2)	备注
接待等候区		
公共等候区	150	包括自动售货机、轮椅存放区、保安值班
预检台	6	—
分诊/接待台	8	2 个电脑位、1 个测血压位
挂号收费处	10	3 个工位
挂号值班间	15	包括值班厕所
公共卫生间	30	—
院前准备区		
急救入口门厅	120	急诊紧急急救、等候

（续表）

房间/区域名称	单位面积（m^2）	备注
隔离抢救室	12	1间
缓冲区	5	—
污物间	8	—
仓库	10	—
120急救点		
120调度	20	—
值班室	60	医生2人、护士1人、担架员1人、驾驶员1人
污洗间	8	—
仓库	10	—
培训室	15	—
救护车停车位	110	3个车位，距离20 m内
急诊门诊区（绿区）		
分诊台	8	—
二次等候区	60	—
公共卫生间	30	—
急诊诊室	135	9间
急诊输液室	170	—
急诊治疗区（黄区）		
护士站	8	—
诊室/留观室	15	—
患者淋浴室	10	特殊患者
患者卫生间	5	—
开水间	5	—
治疗准备室	12	—
处置室	16	—
保洁室	5	—
污物间	18	—

（续表）

房间/区域名称	单位面积(m^2)	备注
污库间	12	—
EICU（含更衣区）	360	10 床，每床平均 25～35 m^2
急诊急救区（红区）		
谈话室	15	—
抢救室	350	12 床
急诊洗胃室	25	—
手术室（清创、缝合）	40	—
处置室	6	—
治疗准备室	12	—
被服仓库	10	—
仓库	10	—
设备储存间	20	—
污物间	18	—
污库间	12	—
急诊检验		
二次等候区	20	—
抽血室	12	2 个工位
卫生间	10	—
标本接收室	18	2 个窗口
检验区	40	—
值班室	15	—
急诊影像		
CT 室	45	1 间
超声室	15	1 间
DR 室	25	1 间
设备仓库	15	—
急诊药房		
急诊药房	50	—

（续表）

房间/区域名称	单位面积(m^2)	备注
值班室	15	—
医护人员辅助用房		
医生办公室	60	—
主任办公室	12	—
护士长办公室	12	—
示教室	80	—
员工休息室	30	—
女更衣室	18	—
男更衣室	20	—
值班室	20	—
员工厕所	10	—
总计	视科室规模而定	

3. 急诊平面案例分析

案例医院急诊拟占总面积的3%，约为3 600 m^2，效果图如图4-1所示。其中，诊室10间，留观床30张，抢救床12张(包含1张隔离床)，EICU床8张，CT室、DR室、手术室各1间，急诊平面布置如图4-2所示。

图4-1　案例医院急诊设计效果图

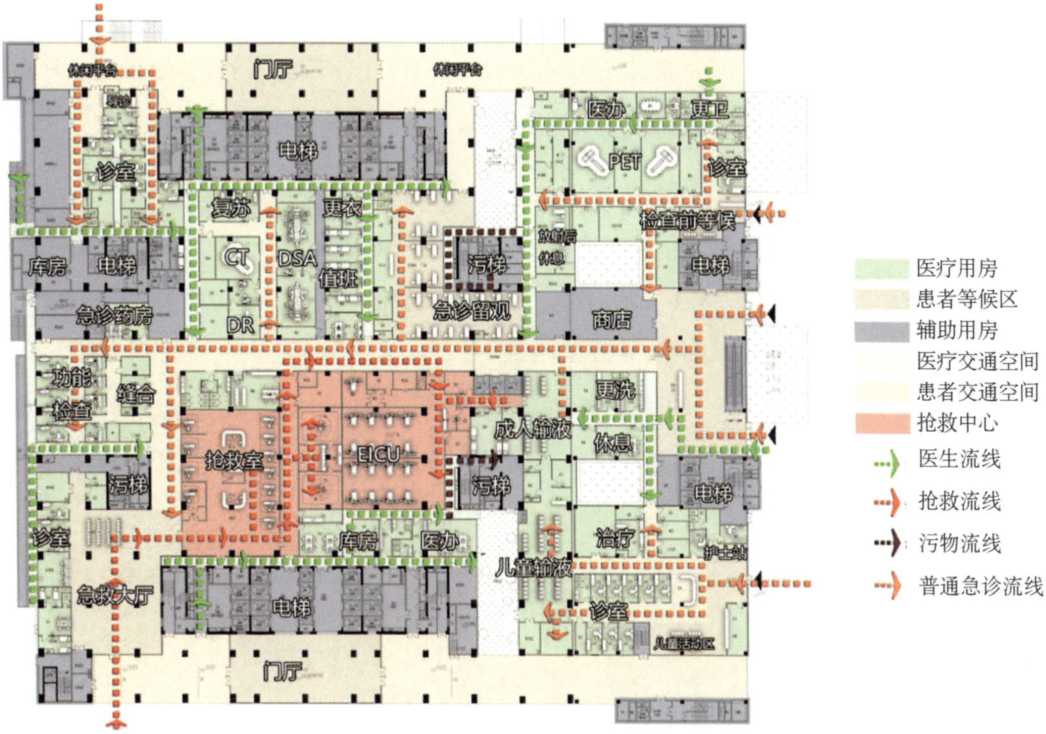

图 4-2　案例医院急诊平面图

急诊设置在医院东门入口处，如图 4-3 所示，位于医院门诊楼一楼，有无障碍通道，方便患者出入。救护车可直接到达急诊室门口，并设置有救护车专用通道和停靠处通向急救室，有专用急救通道与急诊入口分离。急诊附近还设有直升机停机坪。

图 4-3　案例医院急诊入口设计效果图

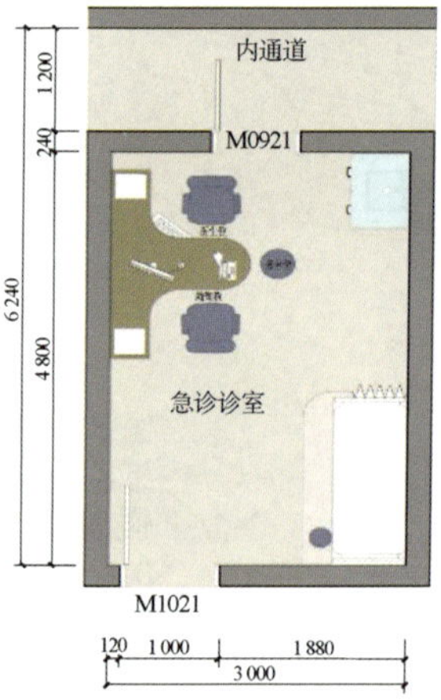

图 4-4　急诊诊室平面图(单位:mm)

急诊室的抢救室、手术室和 EICU 等红区设置在急诊的左侧;急诊诊室、医技等绿区在急诊的右侧,急诊诊室平面布置如图 4-4 所示;留观和输液等设置在急诊的右侧远端。

4. 医疗工艺流线设计

患者流线:急救大厅→预检、分诊、抢救→急诊门诊区、抢救区、治疗区→按照治疗需要→急诊医技检查→手术、EICU→留观、住院→药房、出院。

医护流线:医护通道→医护人员更衣→急诊诊区、留观区、抢救区;120 值班人员→120 急救点(120 急救平面图如图 4-5 所示)。

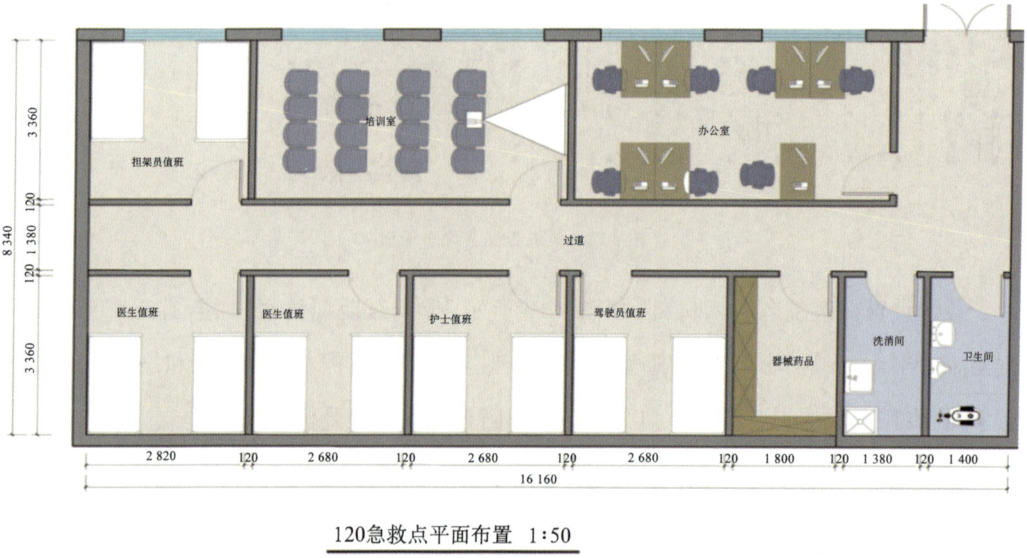

图 4-5　120 急救平面图(单位:mm)

污物流线:手术室、EICU、抢救室的污物→污物暂存点→污物暂存→污梯。

5. 设计要点

(1) 急诊入口应方便到达,设有无障碍通道,并设置急救车专用停车位,急诊入口与急救入口分别设置。

(2) 急诊门厅所有门、墙、柱应设置防护板,防止担架、推车等碰撞。

(3) 急救中心应设置集中供氧、吸引装置,用电并入自备发电系统。

(4) 可单独设置或利用门诊部、医技科室的用房及设施,当门厅兼作分诊时,其面积国家标准为不宜小于 24 m^2，新建大型综合医院建议不小于 200 m^2。

(5) 抢救区宜直通门厅，其面积国家标准为不应小于 24 m^2，门的净宽不应小于 1.1 m，新建大型综合医院建议不小于 250 m^2，门净宽不小于 1.3 m。

(6) 观察室宜设置抢救监护室，平行排列的观察床净距国家标准为不应小于 1.2 m，新建大型综合医院建议不小于 1.5 m。

(7) 有吊帘分隔的观察床之间净距，国家标准为不应小于 1.4 m，床沿与墙面净距不应小于 1 m，新建大型综合医院建议均不小于 1.5 m。

4.1.2　门诊部

门诊部是门诊医生经过一系列的医学手段、辅助检查，为患者提出初步诊断、进行简单门诊治疗的场所，也是医院各功能单元中人流最为集中、构成相对复杂的部门。在门诊部设计时，需要考虑交通流线的合理性、公共空间的舒适性和安全性等因素，设置医生专用后走廊和污物专用走廊。

整体空间要求：内科应设在尽端，避免其他科室患者从门外穿行，应与医技室联系方便。外科最好设在一层，并设处置室和注射室，大型医院还应单设门诊手术室。

1. 产科门诊

1) 空间要求

产科门诊一般设置在门诊楼底层或者二层。尽端需要单独设置出入口，需要设置独立的卫生间。产科诊查床建议三面临空，一面靠墙设置，诊床之间应设隔断。

2) 科室构成

产科门诊包括诊室、检查室、治疗室、休息室、专用卫生间等，产科门诊应考虑私密性，防止视线干扰。科室构成详见表 4-3。

表 4-3　产科门诊科室构成

房间/区域名称	单位面积(m^2)	备注
接待等候区		
接待台	10	—
公共等候区	40	—
检查区		

（续表）

房间/区域名称	单位面积(m^2)	备注
产科诊室	20	—
产科特需诊室	30	含二次等候区
孕妇培训室	70	—
胎心监护、吸氧室	80	—
B 超室	15	—
心电图室	15	—
门诊辅助用房		
库房	10	—
总计	视科室规模而定	

3）科室平面图

产科门诊平面图如图 4-6 所示。

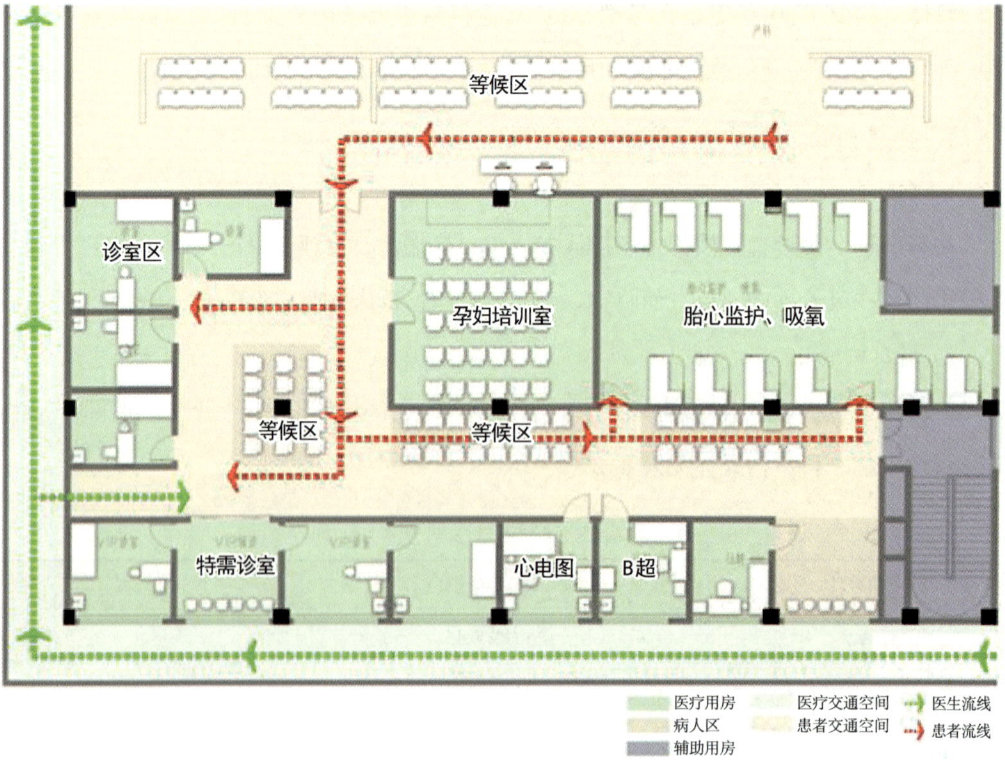

图 4-6　产科门诊平面图

4）医疗工艺流线设计

患者流线：候诊垂直梯、扶梯、楼梯→自助服务区→等候区候诊→诊室二次候诊→产科诊室就医。

医护流线：医护通道→医护人员更衣→产科诊区。

污物流线：产科污物→污物处置→污梯。

2. 妇科门诊

妇科门诊患者比较容易产生不良的情绪，在就诊期间配合度较低，容易导致误诊。因此，在设计妇科门诊的平面布局时，更应注重患者隐私。

1）空间要求

妇科门诊应自成一区，可设置单独入口，妇科门诊宜与产科相邻设置。

2）科室构成

妇科门诊一般包括检查室、治疗室、诊室、休息室、专用卫生间等。当医院未设置日间手术室时，妇科门诊内需要设置妇科门诊手术室，手术室设置需满足院感要求。科室构成详见表 4-4。

表 4-4　妇科门诊科室构成

房间/区域名称	单位面积(m^2)	备注
接待等候区		
接待台	10	—
公共等候区	180	—
公共卫生间	20	—
妇科门诊		
分诊台	10	—
二次等候区	50	—
诊室	15	—
专家诊室	12	—
宫颈病诊室	12	—
检查/治疗室	12	—
检查室(B 超)	12	—
检查室(阴道镜)	12	—
检查室(宫颈)	12	—

（续表）

房间/区域名称	单位面积(m²)	备注
取样厕所	5	—
门诊辅助用房		
库房	8	—
设备储藏室	8	—
处置室	10	—
污物间	10	垃圾暂存
医护人员辅助用房		
医生办公室	10	—
专家办公室	10	—
示教室	30	—
员工休息室	20	—
男更衣室	10	—
女更衣室	10	—
员工厕所	15	—
总计	视科室规模而定	

3）科室平面图

妇科门诊平面图如图 4-7 所示，妇科诊室平面图如图 4-8 所示。

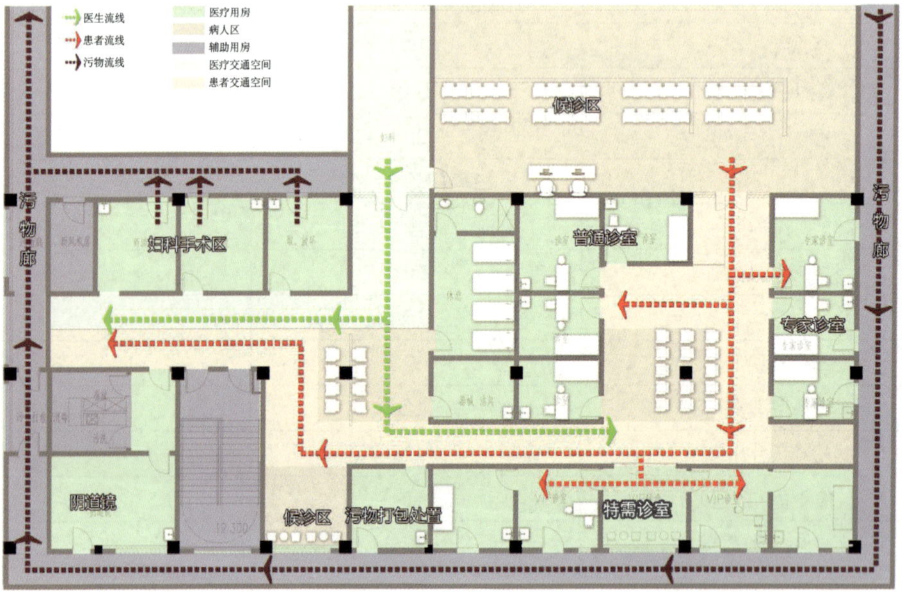

图 4-7 妇科门诊平面图

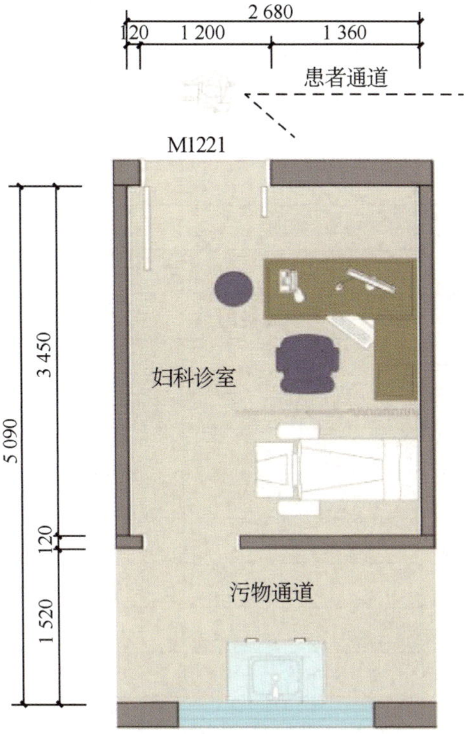

图 4-8　妇科诊室平面图(单位:mm)

4）医疗工艺流线设计

患者流线:候诊垂直梯、扶梯、楼梯→自助服务区→等候区候诊→诊室二次候诊→妇科诊室就医。

医护流线:医护通道→医护人员更衣→妇科诊区。

污物流线:妇科污物→污洗间→污物处置→污梯。

3. 眼科门诊

1）空间要求

眼科视力表需挂在明亮处,保证 6 m 视距(可以用镜子);眼科暗室要有良好的遮光措施和良好的通风措施;检查室宜北向,验光室保证有 5～6 m 的进深(有反光镜减半),暗室长度不小于 6 m,激光诊疗室可设 2～3 个标准间,手术室面积最小 4.5 m×5.5 m。

2）科室构成

眼科门诊科室构成详见表 4-5。

表 4-5　眼科门诊科室构成

房间/区域名称	单位面积(m^2)	备注
接待等候区		
接待台	20	—
公共等候区	50	—
自助挂号收费区	10	—
公共卫生间	20	—
眼科门诊		
二次等候区	50	—
体征室	12	—
诊室	12	—
特需诊室	12	—
检查室	12	—
治疗室	12	—
处置室	12	位于治疗室旁边
眼底激光	12	—
视光学	12	—
弱视训练	12	—
AB 超	12	—
测试间(光学相干断层扫描)	12	适用光学相干断层扫描。可兼用超声检查、内皮细胞计数和角膜地形图检查(PAR 系统)
准分子激光角膜切削术/激光视力矫正	50	包括缓冲室、准备室,主要用于眼部激光手术中心提供屈光手术
暗室	12	—
恢复室	12	—
处置室	12	—
门诊辅助用房		
库房	8	—
设备储藏室	8	—
处置室	6	—
污物间	6	垃圾暂存
污库间	6	配清洗水槽、地漏、设备清洗器
医护人员辅助用房		
示教室	30	—

（续表）

房间/区域名称	单位面积(m^2)	备注
员工休息室	27	—
男更衣室	8	—
女更衣室	10	—
员工厕所	15	—
验光配镜		
验光室	12	—
配镜室	20	—
总计	视科室规模而定	

3）科室平面图

眼科门诊平面图如图 4-9 所示。

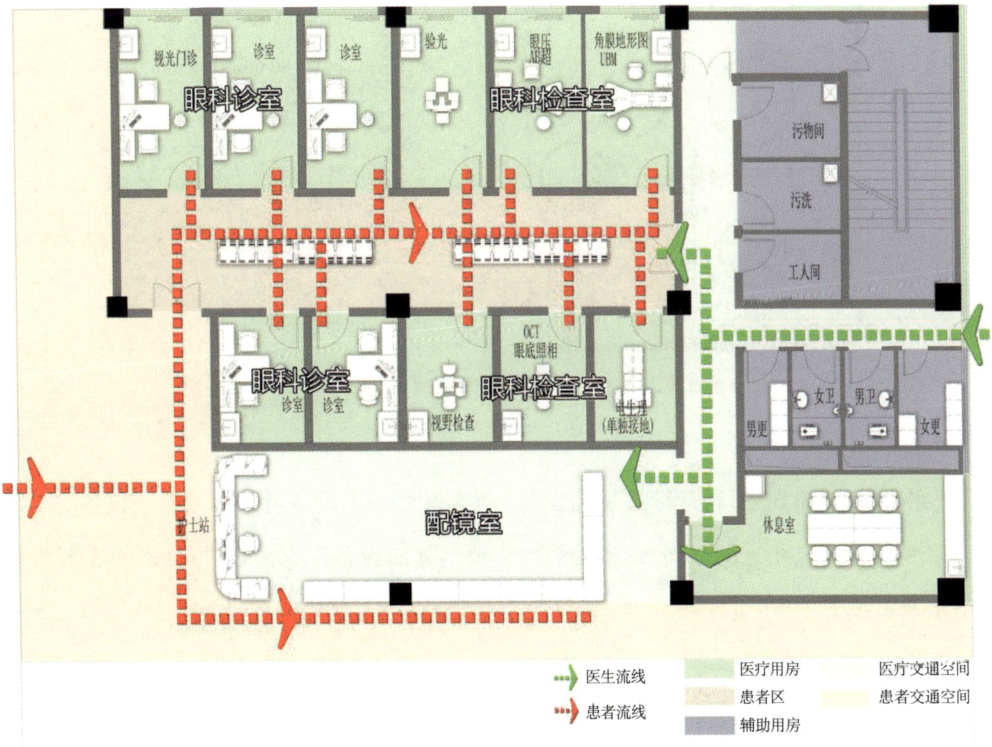

图 4-9　眼科门诊平面图

4）医疗工艺流线设计

患者流线：候诊垂直梯、扶梯、楼梯→自助服务区→等候区候诊→诊室二次候诊→眼科诊室就医。

医护流线：医护通道→医护人员更衣→眼科诊区。

污物流线：眼科污物→污洗间→污物处置→污梯。

4. 口腔科门诊

1）空间要求

口腔科门诊比较特殊，口腔科的检查、治疗所需的耗材、器械较多，诊室内建议设置牙科专用边柜等。

诊疗室的牙椅需要配备纯水、气体、强弱电、污水管等装置，安装要求如图 4-10 所示；口腔放射检查需要数字牙片机、口腔全景机、CBCT 三间检查室，控制室建议合并在一起以方便口腔放射医技人员管理工作，每间面积建议不小于 10 m²。

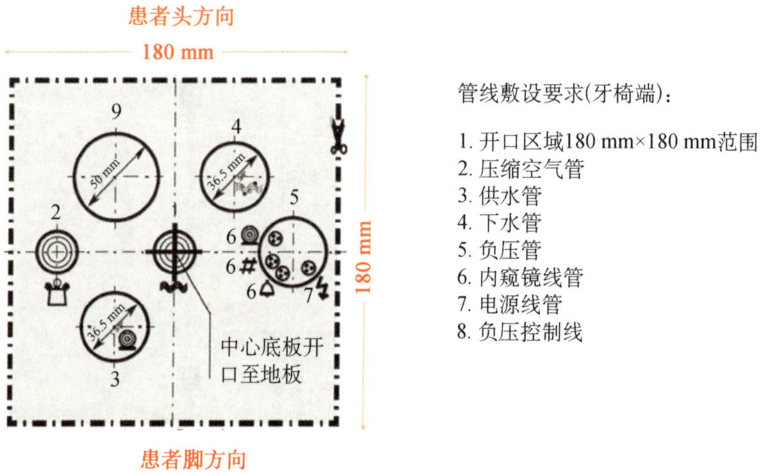

图 4-10　口腔科牙椅安装要求

根据医院总体规划，当牙椅数量较少时，全景和 CBCT 设备可采用二合一设备。

口腔科需要光线充足，口腔诊室的装修需要与牙椅设备厂家配合进行，以便布置管网、上下水及电缆等。

2）科室构成

口腔科门诊科室构成详见表 4-6。

表 4-6　口腔科门诊科室构成

房间/区域名称	单位面积(m²)	备注
接待等候区		
接待台	15	—

（续表）

房间/区域名称	单位面积（m^2）	备注
公共等候区	50	—
自助挂号收费区	10	—
公共卫生间	20	—
口腔科门诊		
接待台	12	—
二次等候区	30	—
诊室	12	—
特需诊室	12	—
医生工作站	5	—
拍照室	9	—
技工室	9	—
全景机	10	—
数字牙片机	10	—
CBCT 室	10	单边长度大于 3 m
控制室	8	—
洗牙室	9	—
口腔科手术区		
种植室	24	按照手术室标准设置
刷手室	12	—
术后恢复室	2	—
员工更衣室	8	—
洁品库	12	—
污物间	12	—
污库间	5	—
门诊辅助用房		
库房	12	—
设备储藏室	12	—
器械清洗	12	—
污物间	6	用于垃圾暂存
牙科机房	12	配清洗水槽、地漏、设备清洗
医护人员辅助用房		
医生办公室	10	—

（续表）

房间/区域名称	单位面积（m^2）	备注
专家办公室	10	—
示教室	30	—
员工休息室	20	—
男更衣室	10	—
女更衣室	10	—
员工厕所	15	—
总计	视科室规模而定	

3）科室平面图

口腔科平面图如图 4-11 所示，诊室平面图如图 4-12 所示，种植室平面图如图 4-13 所示，全景、小牙片和 CBCT 平面图如图 4-14 所示。

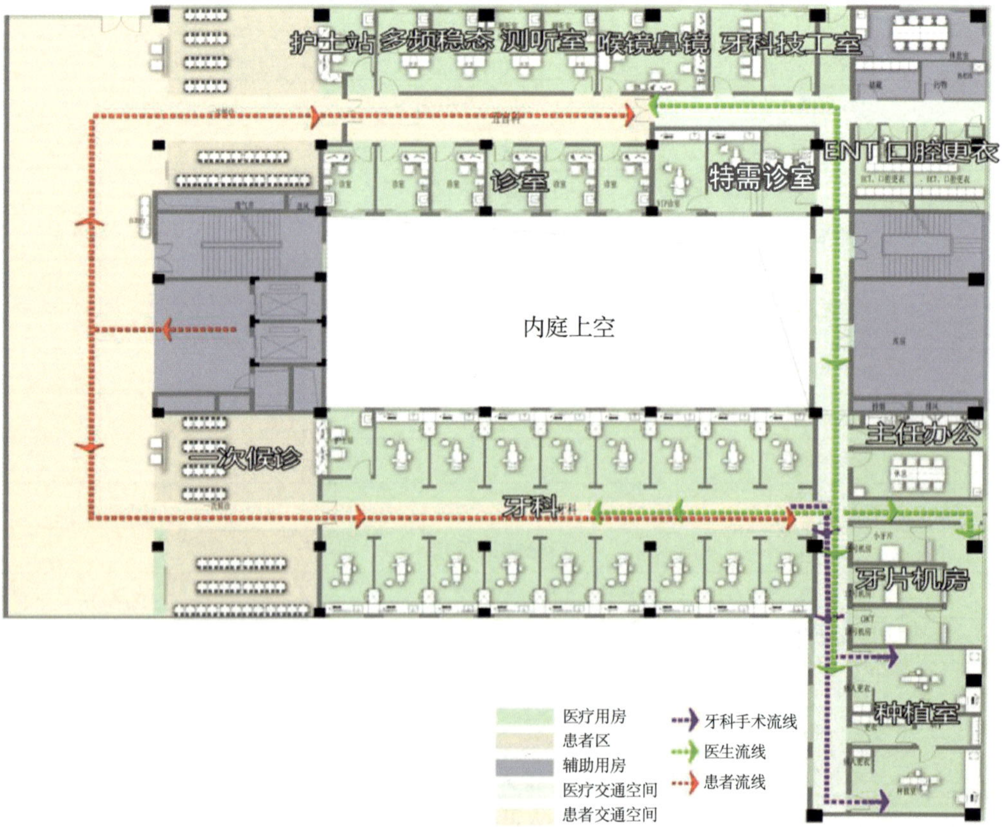

图 4-11　口腔科门诊平面图

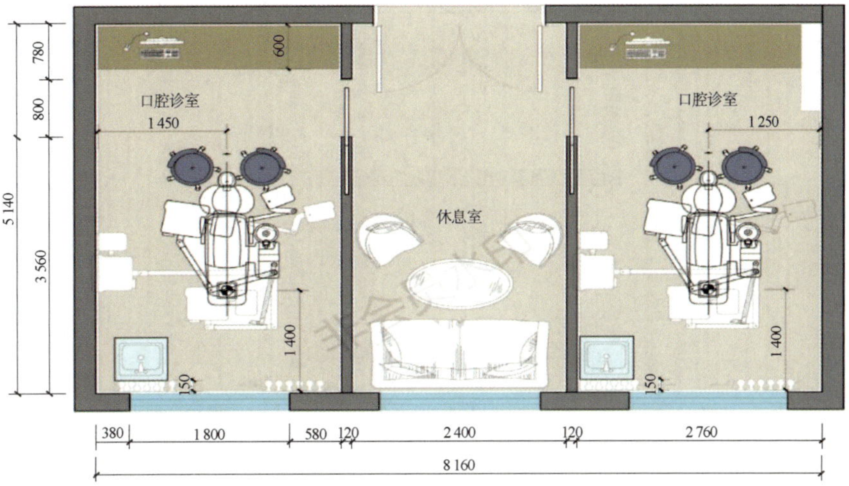

图 4-12　口腔科诊室平面图(单位:mm)

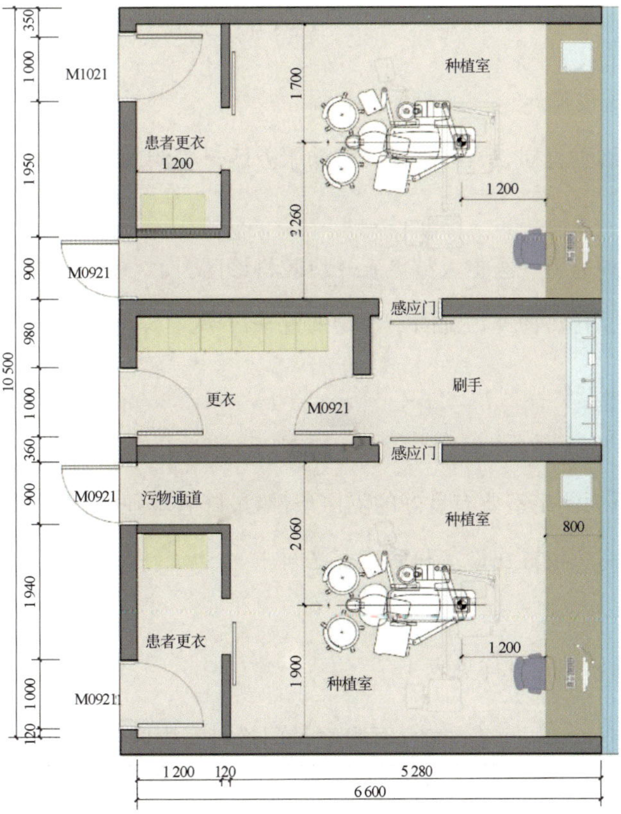

图 4-13　口腔科种植室平面图(单位:mm)

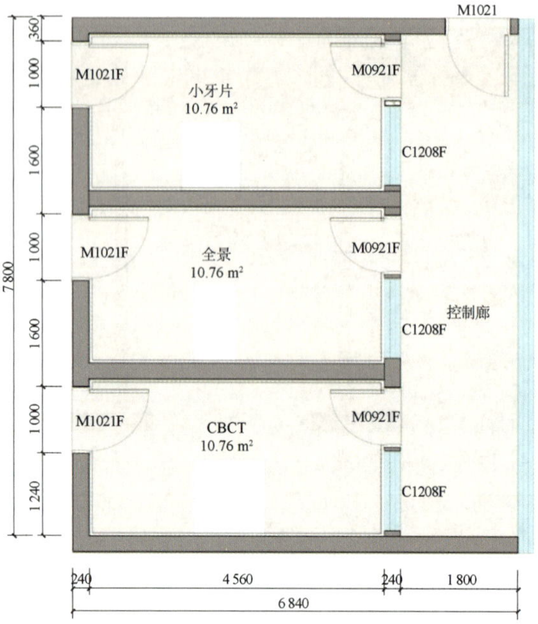

图 4-14　口腔科小牙片、全景和 CBCT 平面图(单位:mm)

4）医疗工艺流线设计

患者流线:候诊垂直梯、扶梯、楼梯→自助服务区→等候区候诊→诊室二次候诊→口腔科诊室就医。

医护流线:医护通道→医护人员更衣→口腔科诊区。

污物流线:口腔科污物→污洗间→污物处置→污梯。

5. 耳鼻喉科门诊

1）空间要求

耳鼻喉科的听力测定室要有良好的隔声条件,最好有单独的测听室。测听室应远离机房等噪声源,洗消室应设置在诊室和治疗室之间。

2）科室构成

耳鼻喉科门诊科室构成详见表 4-7。

表 4-7　耳鼻喉科门诊科室构成

房间/区域名称	单位面积(m^2)	备注
接待等候区		
接待台	15	—

（续表）

房间/区域名称	单位面积（m^2）	备注
公共等候区	50	—
自助挂号收费区	10	—
公共卫生间	20	—
耳鼻喉科门诊		
二次等候区	20	—
诊查室	12	—
治疗室	12	—
诊室（人工耳蜗）	12	—
诊室（阻塞性睡眠呼吸暂停）	12	—
电生理 ABR	12	可适应测试如诱发电位、眼震电流描记器、眼震电图、姿势描记术
测听室	12	单人患者使用，含控制、等候
脑干诱发电位室	11	—
多频稳态室	12	—
纤维喉镜室	11	—
纤维鼻镜室	11	—
配套消毒室	12	需要排风
内镜储藏	8	—
库房	10	—
语言治疗室	11	—
门诊辅助用房		
库房	10	—
设备储藏室	10	—
处置室	8	—
污物间	10	垃圾暂存
医护人员辅助用房		
医生办公室	20	—
专家办公室	10	—
主任办公室	10	—
示教室	30	—

（续表）

房间/区域名称	单位面积(m^2)	备注
员工休息室	20	—
男更衣室	6	—
女更衣室	6	—
员工厕所	15	—
总计	视科室规模而定	

3）科室平面图

耳鼻喉科门诊平面图如图 4-15 所示。

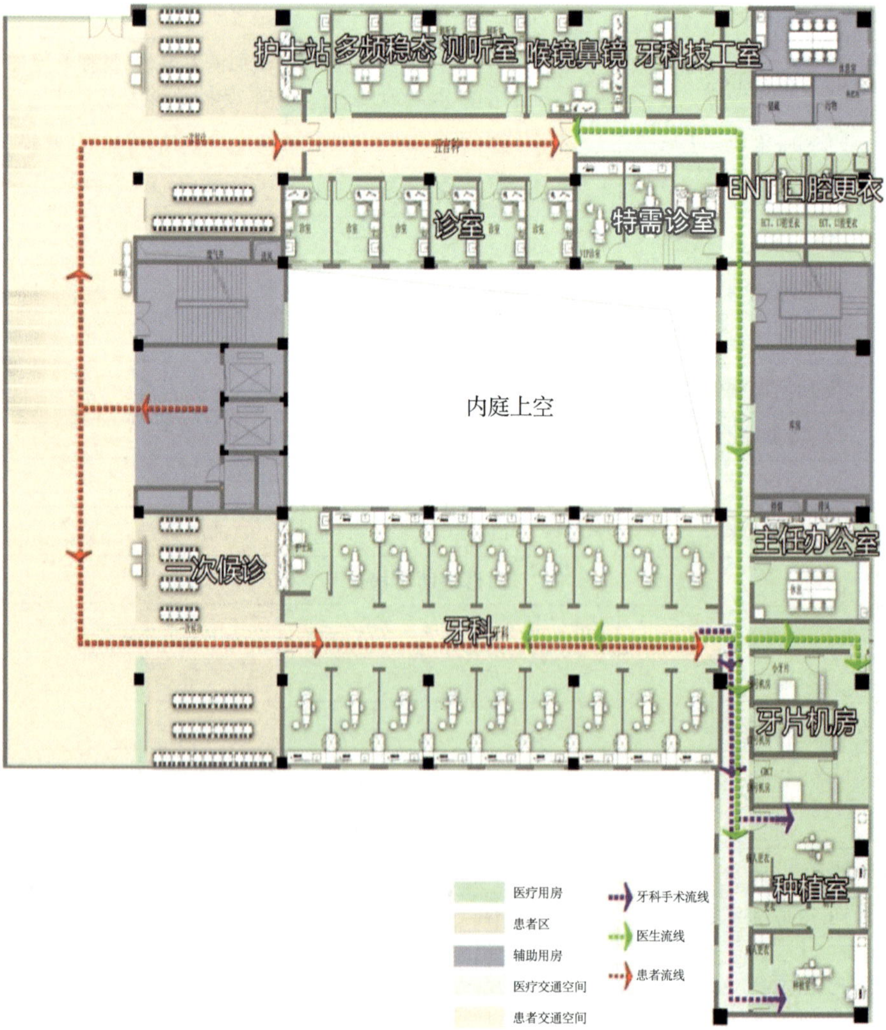

图 4-15　耳鼻喉科门诊平面图

4）医疗工艺流线设计

患者流线：候诊垂直梯、扶梯、楼梯→自助服务区→等候区候诊→诊室二次候诊→耳鼻喉科诊室就医。

医护流线：医护通道→医护人员更衣→耳鼻喉科诊区。

污物流线：耳鼻喉科污物→污洗间→污物处置→污梯。

6. 儿科门诊

1）空间要求

儿科门诊应自成一区，设单独出入口，并设在门诊楼首层出入方便处。入口应设预检室、挂号处和配药室，设隔离室和观察室，设一般厕所和隔离厕所。候诊面积每患儿 1.5 m^2。挂号、收费、药房、化验、卫生间等宜单独设置，应设两端开门的隔离诊室。

2）科室构成

儿科门诊科室构成详见表 4-8。

表 4-8　儿科门诊科室构成

房间/区域名称	单位面积（m^2）	备注
接待等候区		
接待台	5	—
挂号收费台	12	—
儿童活动区	100	—
儿科检查区		
儿科普通诊室	12	—
儿科隔离观察诊室	20	带独立卫生间
儿科输液区		
儿科输液室	50	—
门诊辅助用房		
儿科配药室	10	—
儿科药房	30	—
库房	10	—
设备储藏室	10	—
处置室	8	—

（续表）

房间/区域名称	单位面积(m²)	备注
污物间	10	垃圾暂存
医护人员辅助用房		
医生办公室	20	—
专家办公室	10	—
主任办公室	10	—
示教室	30	—
员工休息室	20	—
男更衣室	6	—
女更衣室	6	—
员工厕所	15	—
总计	视科室规模而定	

3）科室平面图

儿科门诊平面图如图 4-16 所示。

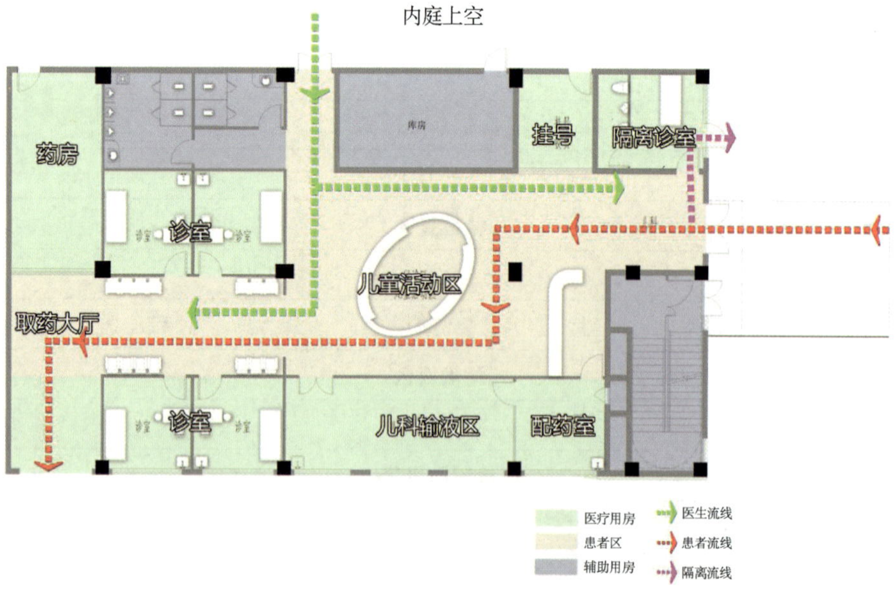

图 4-16　儿科门诊平面图

4）医疗工艺流线设计

患者流线：候诊→自助服务区→等候区候诊→诊室二次候诊→儿科诊室就医。

医护流线：医护通道→医护人员更衣→儿科诊区。

污物流线：儿科污物→污洗间→污物处置→污梯。

4.1.3　住院部

住院部主要由出入院服务中心、病区等组成。住院部病区由一个或多个护理单元组成，一般以 30～50 床为一个护理单元，以双人间或三人间为主，补充单人间和多人间，具体病房布置应结合医院要求设置。

住院部与急诊、手术室、ICU、产房等科室关系紧密，需要有便捷的垂直和水平交通，以方便患者和医护工作人员。整体空间要求如下。

(1) 住院部应设置单独出入口。

(2) 住院部应设置患者电梯、医护人员电梯、物资运输梯、污物梯及手术专用梯，保证患者的及时运送，实现医患分流和洁污分流。

(3) 住院部出入院服务中心设置综合服务台，方便患者办理出入院手续，在邻近区域应设置医保、商业保险咨询服务区。

(4) 住院大厅应设置自助服务区，方便患者自助办理、结算业务。

(5) 住院部应设置生活服务区，解决患者住院的需求。

(6) 住院大厅应设置公共卫生间。

(7) 产科与妇科床位设置满足“虽合犹分”的原则，产科产休室与妇科病室分开，治疗室分开，浴室分开。

(8) 灼伤患者易感染，隔离要求高。病床少的，可设于外科护理单元的尽端，自成一区；病床多的，可设立护理单元(以少于 25 床为宜)。每一护理单元都应独立成区，避免穿行；探视者不得进入病区，宜在病床外侧设探视走道。

(9) 每个护理单元的地面、墙面、顶棚相接处要求无阴阳角，宜做成小圆角。

(10) 为方便患者和家属晒衣，在病房内应设置晒衣设施。

1. 标准护理单元

1) 空间要求

(1) 保证护理单元的独立完整，不受公共交通和其他科室的穿越和干扰。

(2) 同层有 2 个以上护理单元的时候，最好布置同科单元，外科单元宜与手术部同层或邻层设置。

(3) 护士站居中设置,以缩短护理距离。

(4) 要求单独设置出入口的单元一般设于底层。

(5) 护理单元应标准化,楼梯、井道、配餐、浴厕等用房须上、下对位。

(6) 病房应有良好的采光、通风和视野。

(7) 床位布置及床周空间:2~4 床开间应大于等于 3.6 m,进深为 4.5~6.0 m。

(8) 每个床位须配备床头柜(设电气设备、灯光控制),控制板设置在床头墙上(设氧气吸入、吸引接口、呼唤装置),床头柜应设置于病床右侧。

(9) 抢救室宜设在护士站对面,方便医护人员开展抢救工作。

(10) 病区应预留物流系统转送的区域。

2) 科室构成

标准护理单元科室构成详见表 4-9,病房效果图如图 4-17 所示。

表 4-9 标准护理单元科室构成

房间/区域名称	单位面积(m^2)	备注
接待等候区		
公共等候区	20	—
公共卫生间	20	—
病房区		
单人间	28	—
双人间	32	—
三人间	32	—
晒衣间	3	建议设置在病房内
辅助用房		
中心护士站	30	—
处置室	10	—
被服间	10	—
专科检查间	10	—
物资库房	8	—
设备储存间	8	—

（续表）

房间/区域名称	单位面积(m^2)	备注
污洗间	8	—
污物暂存间	8	—
配膳、开水间	5	—
医护人员辅助用房		
医生办公室	28	—
主任办公室	9	—
护士长办公室	9	—
示教室	43	—
员工休息室	10	—
男更衣室	6	—
女更衣室	14	—
医生值班室	10	—
护士值班室	12	—
总计	视规模而定	

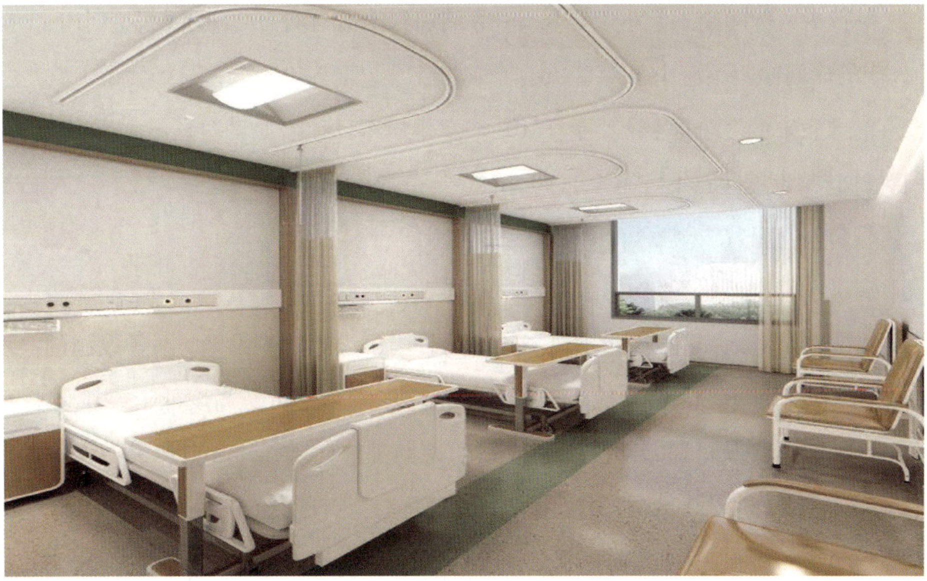

图 4-17　病房设计效果图

3）病房布置

（1）布局一般原则

① 病房空间大小、平面布置和设备设施布局应尽可能提高患者的活动能力，同时尽量减少医护人员的感染风险。

② 病房宜朝南设置。非朝南布置时，开窗应满足采光与节能相关要求。

③ 病床排布应平行于采光窗墙面，建议单排不超过3床，双排不超过6床。

④ 每间病房建议设独立卫生间，卫生间靠外墙布置，需满足《建筑采光设计标准》（GB 50033—2013）的相关要求。

⑤ 病房在满足基本使用需求的前提下，允许各空间内出现部件的轻微侵占情况，如结构构件、晾晒空间、门摆幅侵占以及固定家具等部件对空间的侵占。

⑥ 病房不建议设置阳台，宜结合外立面设计不上人晾晒空间或集中设置护理单元晾晒间；阳台应具有安全防护措施。

（2）空间基本参数

① 病房室内净高不宜小于2.80 m。

② 病房面宽不宜小于3.60 m。

③ 每床净使用面积不应小于6 m^2。

④ 平行的两床净距不宜小于0.85 m，靠墙病床床沿与墙面的净距离不应小于0.6 m，监护病床的床间净距不应小于1.20 m。

⑤ 单排病床走道净宽不应小于1.10 m，双排病床（床端）通道净宽不应小于1.40 m；考虑轮椅回转，走道净宽不宜小于1.40 m。

⑥ 病房门门扇宜设观察窗。

⑦ 病房空间窗地比不宜小于1/6。

⑧ 临空窗台距地面净高不得低于0.90 m，否则应设置防护设施。防护设施的高度由地面起算，不应低于0.90 m；当地面有宽度大于或等于0.22 m且高度低于或等于0.45 m的可踩踏部位时，应从可踩踏部位顶面起算；可踩踏部位高于0.45 m时，其防护高度从窗台面起算，不应低于0.60 m。采用垂直杆件做栏杆时，其杆间净距不应大于11 cm。

⑨ 病房内的浴室、卫生间面积和卫生洁具的数量，应根据使用要求确定。卫生间设坐便器、洗浴器和洗面盆三件卫生洁具的卫生间，面积不应小于4.00 m^2；设坐便器和洗浴器两件卫生洁具的卫生间，面积不应小于3.00 m^2；设坐便器和洗面盆两件卫生洁具的卫生

间，面积不应小于 2.50 m^2；单设坐便器的卫生间，面积不应小于 2.00 m^2。

(3) 人性化设计空间

病房人性化设计空间应结合实际需求进行设置，可增设沙发、茶几、书架等设施的放置空间，此类空间的设施应与病床保持不小于床间距的距离。

① 每病床基本配置标准参见表 4-10。

表 4-10 每病床基本配置标准

设施	数量	设施	数量
病床	1张	输液架/输液吊轨	1个
床头柜	1个	物品储存柜	1组
椅凳/折叠床椅	1个	床头治疗设备带	1套
轨道吊帘	1套	暖水瓶/热水器	1个

② 病床宜采用手摇多功能病床、电动多功能病床、床下抽出陪护床的一体化病床。

③ 卫生间、浴室基本设施：紧急呼叫设施、输液挂钩、便器、洗面盆或洗面台、淋浴器、浴帘或淋浴隔断、淋浴椅、助力扶手等。

④ 患者的人性化室内设施配置可考虑：床上桌、储物柜、书桌椅、电视机 / 智能交互终端、保险箱、阅读照明设施等。

⑤ 考虑陪护家属及探视访客人员需求，可根据需要配置沙发、陪护床、书架、茶几、餐桌、微波炉、冰箱等。

⑥ 可考虑为医护工作人员配置检查灯、负压吸引器、氧气治疗设备、智能电子床头卡、手卫生洗手池、电子交互终端等。

⑦ 卫生间、浴室宜考虑设置皂液器、毛巾架、垃圾桶、晾衣架、智能马桶等设施。

(4) 病区平面布局

住院楼单层平面图如图 4-18 所示，住院病区平面图如图 4-19 所示，标准单人、双人和三人病房平面图分别如图 4-20～图 4-22 所示。

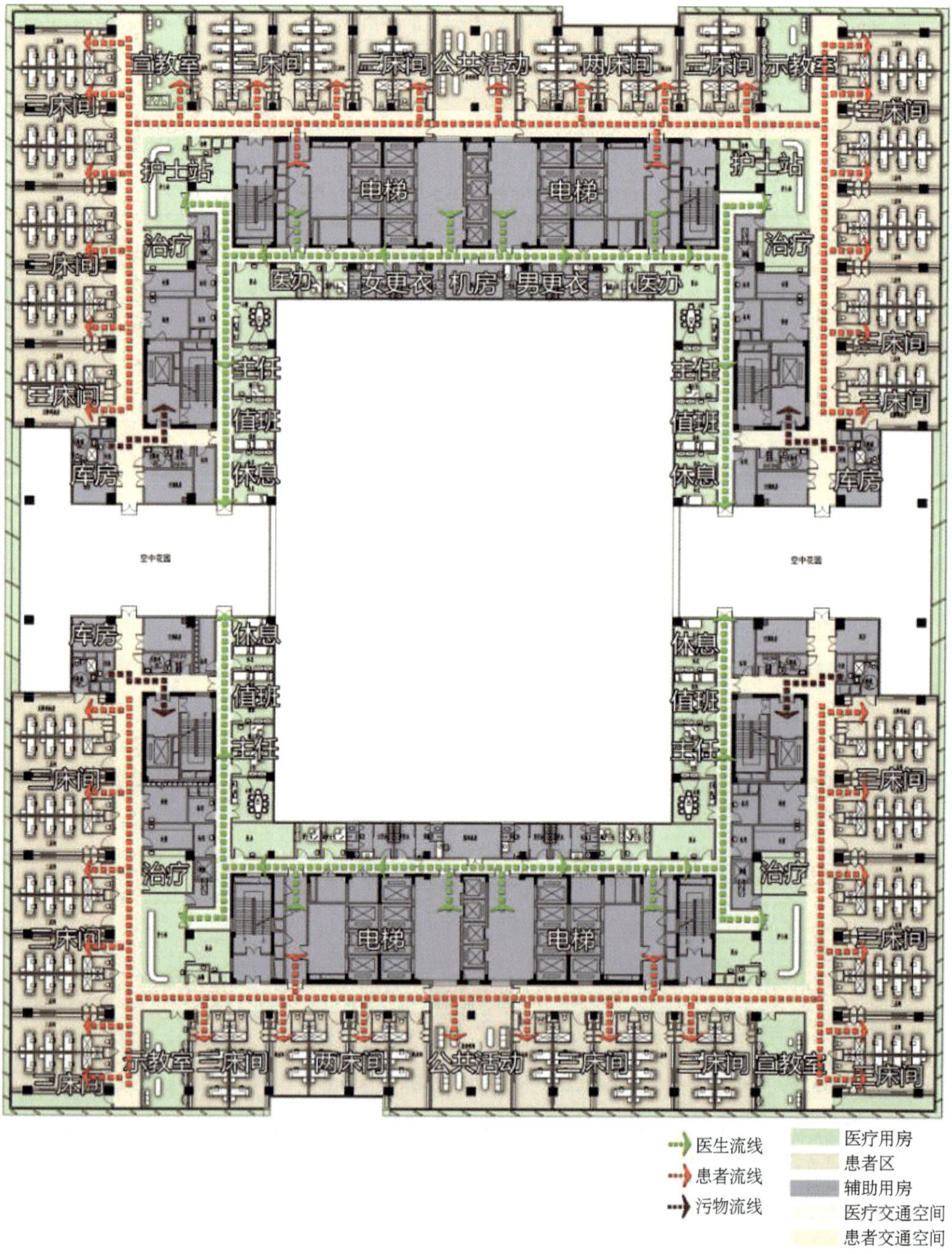

图 4-18　住院楼单层平面图

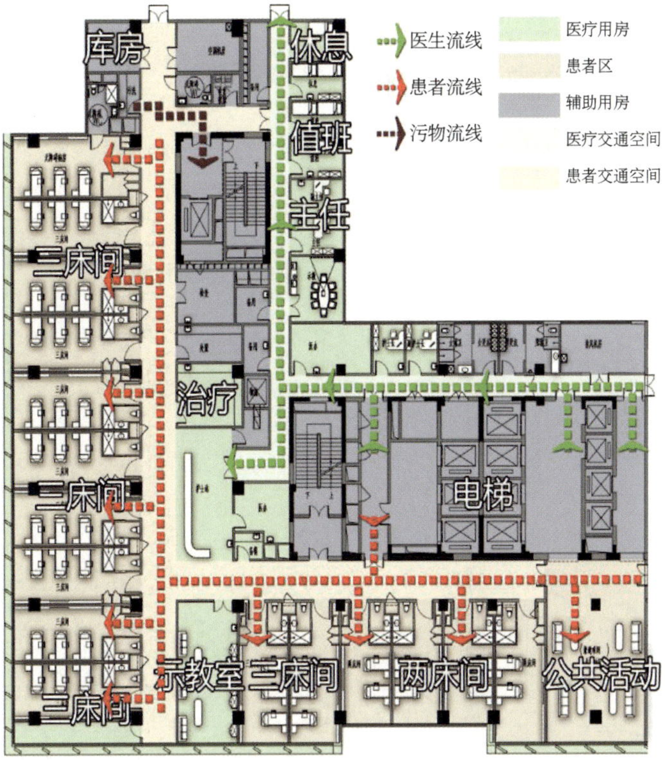

图 4-19　住院病区平面图

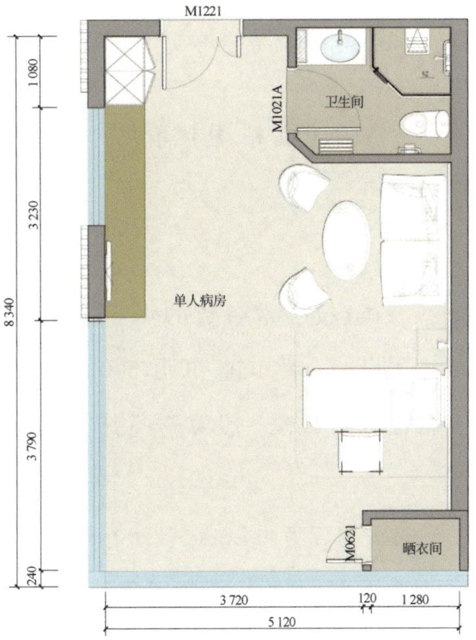

图 4-20　标准单人病房平面图(单位:mm)

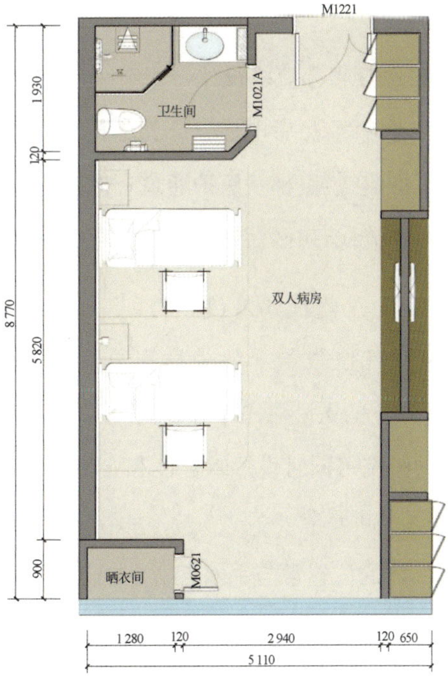

图 4-21　标准双人病房平面图(单位:mm)

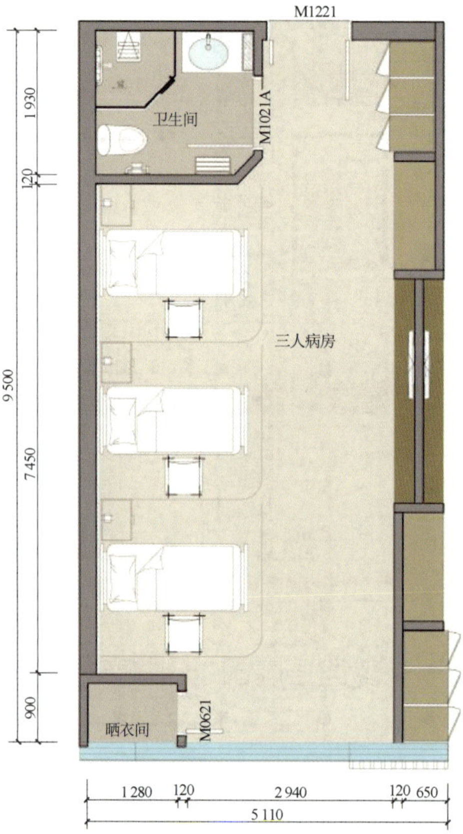

图 4-22　标准三人病房平面图(单位:mm)

4）医疗工艺流线设计

患者流线:患者电梯→公共走廊→各自病区。

医护流线:医梯→医护通道→医护人员更衣→生活区、护士站、病区单元。

污物流线:病区污物→污洗暂存→污物处置→污梯。

2. 重症监护病房(ICU)

ICU 床位数量一般为病房总床位的 3%～5%,或按手术台数的 1.5～2 倍考虑。200 床以下的医院可不单独设置 ICU,200～500 床可设综合性 ICU 单元,500 床以上分科较细的医院可同时设置综合性和专科性 ICU,专科性 ICU 规模一般为 3～5 床。

1）空间要求

ICU 的位置常与手术苏醒室相连,200 床以下的医院二者可以合一,200～500 床二者可相邻布置,500 床以上应单独设置。ICU 宜靠近手术部,大监护室每床建筑面积 6.5～9.3 m^2,有隔板的 9.3～13 m^2,单间 13～16.7 m^2。

（1）可分别设在护理单元内，亦可若干护理单元共设监护中心。

（2）监护控制室的位置应便于观察患者。

（3）病床中心点之间净距不得小于 3.6 m。

（4）ICU 空调系统：根据实际需要考虑，一般建议移植 ICU、新生儿 ICU 采用层流净化，其他 ICU 空调系统按常规设置。

2）科室构成

ICU 科室构成详见表 4-11。

表 4-11　ICU 科室构成

房间/区域名称	单位面积（m^2）	备注
接待等候区		
ICU 接待区	10	—
公共等候区	20	—
咨询室	10	—
公共卫生间	20	—
病房区		
换床区	5	—
重症监护单人间	18	—
负压缓冲	10	—
负压厕所	10	—
重症监护单人间（负压）	15	—
辅助用房		
护理站	15	—
设备暂存间	5	推车、轮椅、急救车
呼吸机准备间	12	设置带有氧气和空气的设备带
治疗室	8	—
输液准备室	15	—
处置室	10	—
库房	20	—
洁品库	10	—
被服库	8	—

（续表）

房间/区域名称	单位面积（m^2）	备注
设备储藏室	10	含呼吸机物品
污物间	10	—
医护人员辅助用房		
医生办公室	30	—
主任办公室	9	—
护士长办公室	9	—
示教室	30	—
员工休息室	18	—
男更衣室	10	—
女更衣室	22	—
医生值班室	10	—
护士值班室	10	—
总计	视规模而定	

3）科室平面图

ICU 病区平面图如图 4-23 所示。

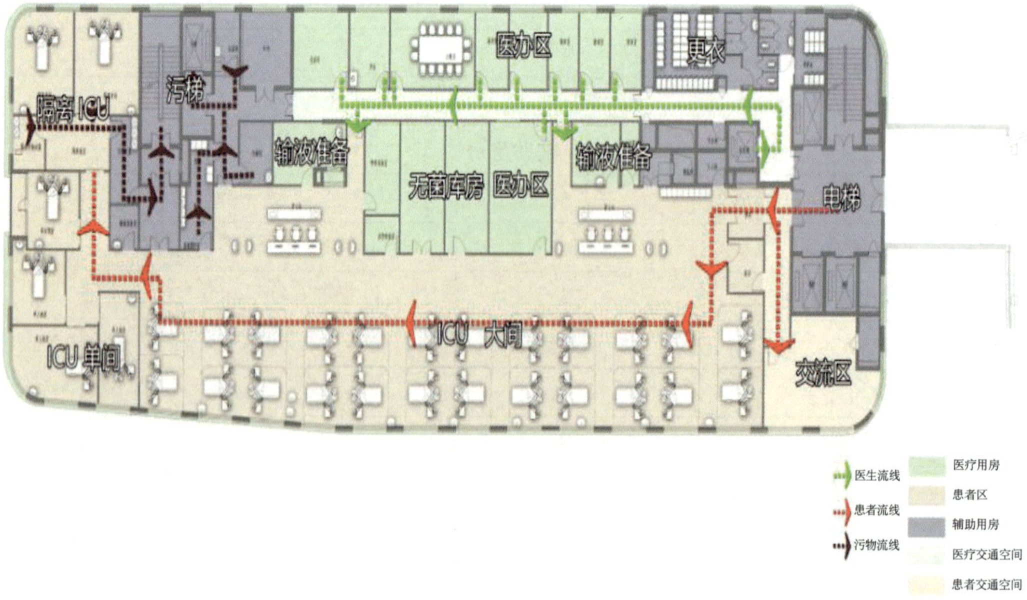

图 4-23　ICU 病区平面图

4）医疗工艺流线设计

患者流线：患者电梯→公共走廊→ICU 各床位。

医护流线：医梯→医护通道→医护人员更衣→诊疗区、生活区。

污物流线：各床位污物→污物处置→污物间→污梯。

4.1.4　医技科室

医技科室旧称辅助诊疗科室，是指运用专门的诊疗技术和设备，协同临床科室诊断和治疗疾病的医疗技术科室。因为不设病床，不收病人，也称为非临床科室。按工作性质和任务，可分为以诊断为主、以治疗为主的科室，以及以供应为主的科室。按系统的观点来看，医技科室是医院系统中的技术支持系统，医技科室包括手术室、核医学科、放射科、超声科、心血管超声和心功能科、检验科、康复科、病理科、药剂科、设备科、内镜室、消毒供应室、营养科等。

整体空间要求：医技科室的专业性较其他临床科室相对较强，在用房条件、人员配备和仪器设备方面应具有一定的相对独立性。直接为患者提供检查的各科室设计宜将医护人员与患者的流线相对分开，前期阶段应提前规划门诊患者与住院患者的流程组织，避免不同类型患者之间的相互影响。

1. 手术部

手术部是医院的核心医疗部门，也是跨学科、跨专业较多的一个部门。在设计中应重点关注手术室数量、类型、部署位置、洁净等级要求、管理模式、数字化程度等要求。

手术可分为超净手术、无菌手术、有菌手术、感染手术、杂交手术、机器人手术、低温手术等。其规模视医院规模和手术科室床位的多少而定。

1）空间要求

手术部一般设置在医技楼、住院楼的裙房或住院楼主楼内，上方需预留设备层或为设备预留架空。手术部应与供应室、急诊、ICU、血库、病理科等相邻设置，或具有便捷的水平、垂直交通可直达，有高效的物流措施。

（1）手术部宜远离锅炉房、污水处理站等，以避免受污染，减少噪声。手术室净化设备进风口的朝向应避开排风井或出风口，东南地区应注意台风对风口的影响。手术室应近外科病区，最好与外科病区同层，手术监护室或苏醒室宜与手术部同层。不宜设于首层，如果设于顶层，应对屋盖的隔热、保温、防水等采取严格措施。要自成一区，不得有穿越。

(2) 手术室出入路线布局：出入路线的布局设计需考虑功能流程与洁污分区的要求，多采用三通道，一为工作人员出入路线，二为患者出入路线，三为器械敷料等循环供应路线，尽量做到互相隔离，避免交叉感染。

(3) 墙面和天花板应采用隔音、坚实、光滑、无空隙、防火、防湿、易清洁的材料。颜色以淡蓝、淡绿为宜。观片灯及药品柜、操作台等应设在墙内。墙面与平顶、墙面与地面及不同的墙面与墙面相交处的阴(阳)角，宜做成小圆角构造($R \geqslant 50$ mm)，以避免积尘，方便清扫。

(4) 门应宽大、无门槛，净宽不宜小于 1.4 m，便于平车出进，避免使用摆动的弹簧门，宜采用设有自动延时关闭装置的电动悬挂式自动感应门。窗应设置双层，以利于防尘保温，玻璃以白色为宜。

(5) 洁净手术室的净高宜为 2.8～3 m，走廊宽度应不少于 2.5 m。

(6) 地面应采用坚硬、光滑易刷洗的材料建造。地面稍倾斜向一角，低处设地漏，利于排出污水，排水孔加盖，以免污染空气进入室内或被异物堵塞；此外，地面应做到平整、光滑、耐磨、耐腐蚀(酸、碱、药)、易清洁，可选用橡胶、聚氨酯涂料、树脂类板材等，少接缝，可避免污物及细菌的堆积，耐污易洁，脚感舒适，花纹款式多样，安装及更换简便。

(7) 手术部应设置单独手术电梯，方便住院患者或急诊患者转运。

(8) 手术部一般分为无菌区、清洁区、半清洁区和污染区；入口处应设卫生通过区，换鞋处应有防止洁污交叉的措施，宜有推床的洁污装换措施；手术室的洗手室宜分散设置，宜贴邻相关手术室。洁净手术室和无菌手术室不能与一般手术室合用洗手池；洗手、泡手后的医生，肘至手指部位，不能再接触任何东西，故供洗手后医生进入手术室的门，不能采用用手开启方式。

(9) 手术室应减少突出物，所有阳角宜做成圆角；无影灯以及悬挂式系统供氧和系统吸引的吊装设施必须牢固安全；手术部必须有备用电源。

2) 科室构成

(1) 换床区：将患者从非洁净区转移到手术部的洁净或准洁净廊道，是患者的卫生通过系统，应紧靠电梯厅。

(2) 卫生通过间：医护人员使用的卫生通过系统，包括换鞋、更衣和浴厕，其进出口一定要分开，洁净区与非洁净区各设入口相通。

(3) 刷手间：紧贴布置在手术室旁，最好可同时通联两间手术室，每间手术室需 2～4 个刷手池位，池位长度一般为单人 1 m、双人 1.8 m、三人 2.4 m。

(4) 洗涤、消毒室：临时或手术中紧急洗涤烘干消毒器物之用，常与刷手间组合布置，其与手术室之间可设双面开门的穿越式器械柜。

(5) 恢复室(苏醒室)：对全麻危重患者进行术后观察，其床位数量应多于或等于手术室数量，可布置成大开放空间。

(6) 麻醉室：功能为麻醉器械的处理、储存、维护以及麻醉人员办公，一般器械室与办公室分设，其位置应同时顾及手术室、苏醒室和 ICU。

(7) 无菌器材室：无菌敷料器械的存储空间，一般中小型医院设专室，大型医院则设穿越式壁柜。

(8) 移动设备存放空间：邻近手术室布置。

(9) 敷料、器械：可在中心供应和手术洗涤消毒间进行。

(10) 护士站：其位置应便于控制手术部的出入口和卫生通过间的出入口。

(11) 家属等候区：应布置在手术部外面的大门附近，与电梯厅、洗手间有适当联系。

手术部科室构成详见表 4-12。

表 4-12　手术部科室构成

房间/区域名称	单位面积(m^2)	备注
接待等候区		
接待台	12	—
公共等候区	120	—
公共卫生间	40	—
换床区		
换床区	30	—
患者更衣室	10	—
麻醉准备/术前等候		
工作护理站	8	—
麻醉准备/术前等候区	10	—
隔离/恢复室	10	—
员工记录台	2	—
患者卫生间	10	—

（续表）

房间/区域名称	单位面积(m^2)	备注
治疗准备室	12	—
被服暂存区	8	—
污物间	12	—
麻醉恢复区		
工作护理站	8	—
麻醉恢复区	12	—
隔离/恢复室	12	—
急救车暂存区	2	—
被服暂存区	8	—
污物间	12	—
手术控制区		
控制台	40	—
手术室调度屏	—	—
手术监控室	—	—
手术区		
综合手术室	50	—
正负压手术室	40	—
缓冲室	10	—
负压准备室	10	—
骨科手术室	50	—
杂交手术室	90	视设备具体型号而定
控制室	10	
设备机房	20	
手术准备区		
麻醉储藏/准备区	20	—
拆包区	20	—
一次性物品区	10	—
洁净库房	10	—
设备储藏区	10	—
心肺机	20	—
手术药房	10	—

（续表）

房间/区域名称	单位面积(m^2)	备注
腔镜储藏区	10	—
气瓶间	6	—
手术病理区		
办公室	20	—
休息区	20	—
冰冻切片室	30	—
标本室	30	—
阅片区	20	—
手术清洁区		
清洁物品区	10	设置地面设备存储
急消室	10	可立即使用/紧急消毒，从半禁区进入急消室
污器械打包区	10	—
污洗工作台	10	—
带洗手池的洁净工作台	10	—
污物间	10	—
护工间	10	—
员工厕所	15	—
医护人员生活用房		
男更衣室	20	—
男厕/淋浴室	20	—
女更衣室	30	—
女厕/淋浴室	20	—
主任办公室	10	—
护士长办公室	10	—
示教室	65	—
护士休息室	50	—
医生休息室	30	—
主任休息室	10	—
员工休息/用餐区	180	—
备餐区	15	—

（续表）

房间/区域名称	单位面积(m^2)	备注
值班室	30	—
值夜班室	20	—
值班休息室	30	—
总计	视规模而定	

3）科室平面图

手术室平面图如图 4-24 所示。

图 4-24　手术室平面图

4）设计要求

(1) 日间手术室和中心手术室要分区设置。

(2) 生活区和手术区建议上、下楼分开设置，也可分区设置。

(3) 手术区域要求从万级、千级到百级的顺序逐步提升净化程度，以免发生交叉感染。

(4) 医生流线、患者流线、污物流线分离，避免交叉感染。

2. 中心供应室

中心供应室应靠近手术室、ICU、住院部，以缩短危重患者的运输时间；同时应设置在一个相对独立的清洁环境中，远离污染源，避免外界干扰。

1）空间要求

(1) 应严格划分污染区、清洁区、无菌区和生活区；污染器械物品入口与清洁消毒无菌物品出口必须分离；内部功能流线要强制单向设置，不能交叉、不能逆行。

(2) 污染区和无菌区工作人员出入口应设置缓冲间，面积不小于 3 m^2，有洗手和更衣设备。

(3) 中心供应室与手术室应设专门通道。

(4) 中心供应室的低温消毒区、环氧乙烷和等离子分开设置。

(5) 需要用蒸汽消毒，应设置相应的管路或蒸汽发生器。

(6) 应保证热水、去离子水、蒸馏水供应。

(7) 应保证良好的照明环境，以及消毒、换气条件。

(8) 中心供应室入口应保证洁净物品转运方便，污物与洁物不能设置相同出入口。

(9) 应方便医疗部门递送消毒物品和领用消毒物品，并适当靠近蒸汽源；要十分注意合理使用流程，分清洁污流线，并注意制作敷料所产生的粉尘，不致影响其他工作室。中心供应室的清洗室应设有通用洗涤装置，以及各种专用(如冲洗注射器针筒和针头、皮手套、皮条等)的洗涤装置。

2）科室构成

中心供应室科室构成详见表 4-13。

表 4-13　中心供应室科室构成

房间/区域名称	单位面积(m^2)	备注
去污消毒区		
去污区	110	—

（续表）

房间/区域名称	单位面积(m^2)	备注
污区小货梯	6	通向手术室
污区货梯	6	—
器械暂存区	6	—
污车暂存区	15	—
污车清洗区	19	—
手工清洗区	20	—
内镜清洗区	30	—
消毒品暂存区	20	—
紧急喷淋	5	建议设置在方便使用处
器械清洗区	30	—
更衣间	30	—
洁具清洗间	20	—
打包消毒区		
打包区	150	—
洁净器械暂存区	110	—
低温消毒区	20	低温消毒机
消毒区	30	消毒机
洁净车散热区	6	—
消毒车暂存区	30	—
更衣间	30	—
洁具清洗间	6	—
洁净水系统机房	—	一般采用中央纯水系统
无菌存放区		
无菌物品存放间	10	—
无菌物品发放间	6	—
医护人员辅助用房		
护士长办公室	10	—
示教室	28	—

（续表）

房间/区域名称	单位面积（m^2）	备注
员工休息室	20	—
男更衣室	6	—
女更衣室	6	—
男值班室	10	—
女值班室	10	—
淋浴室	15	—
员工厕所	20	—
总计	视规模而定	

3）科室平面图

中心供应室平面图如图 4-25 所示。

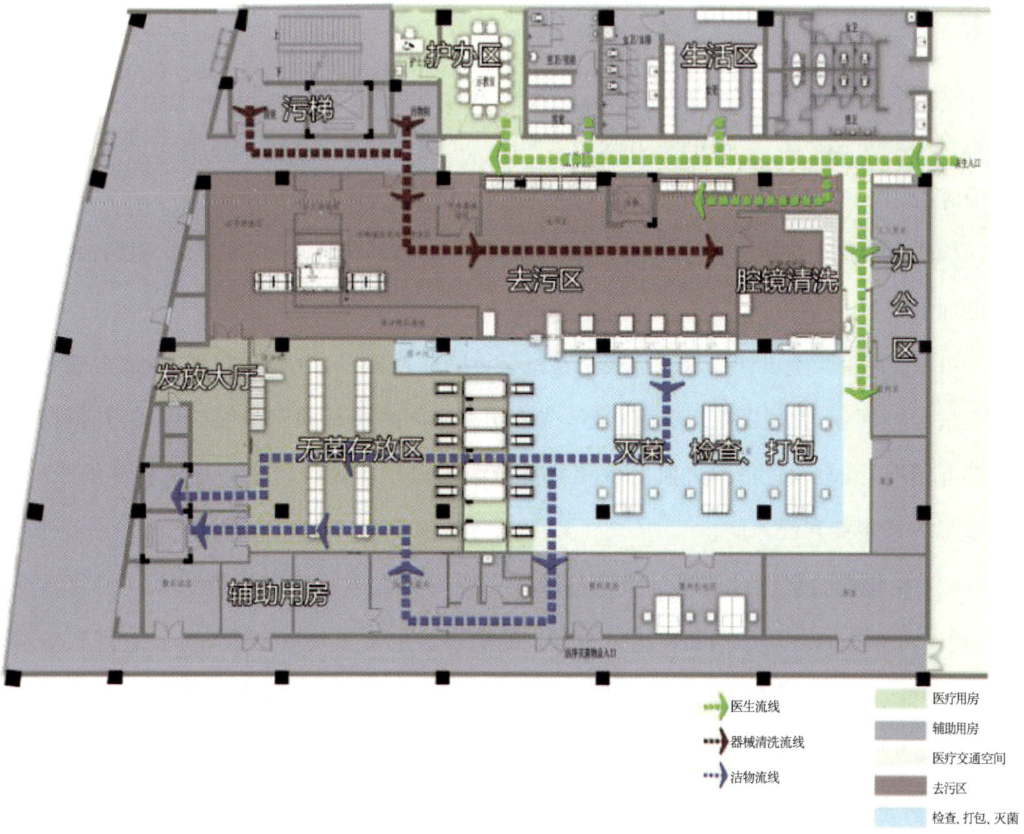

图 4-25　中心供应室平面图

4）洗消物品流线

污梯→去污区→清洗机→检查打包→灭菌→无菌区。

3. 检验科

大型医院的检验科应靠近住院部，门诊部应另设临床检验部。中小型医院一般就设在门诊部，并靠近内科和急诊，同时需要有便捷的通道通往手术部或有专用的物流措施。

1）空间要求

生化检验室应设仪器室（柜）、药品室（柜）、贮藏贵重药物和剧毒药品的设施、通风柜以及防震天平等。通风柜出气管应伸出屋顶，并要防止气流倒灌，柜内要有水源、电源及排水设施，能供煤气者应有气源。检验科的细菌实验室应设置在尽端。

检验科为带菌部门，应单独成区，使之与其他科室互不干扰。临床检验室应设在靠近检验室的入口处，以免送标本者进入其他实验室，形成交叉感染，且宜设置体检处理室。

标本采集室更应设置于入口处，并有足够大小的等候处，以免患者产生交叉感染。每间检验室至少应装置一个非手动开关的洗涤池。细菌室应设专用洗涤设施，不能与其他洗涤设施混用。

检验室内地面、墙裙、检验台面、洗涤池及相关的设备管道应采用耐燃烧、耐腐蚀、易冲洗的面层材料。

（1）常规检验室设计要求。常规检验室又称临床检验室，分为血常规、体液常规和寄生虫检验三部分，大型医院多分室设置，或采用大空间内用试验台分隔的方式，并根据医院实际情况，采血设置集中采血区域和科室分散采血站。其位置应靠近检验部的入口，靠近标本采集室和洗涤间。

（2）生化检验室设计要求。生化检验室主要研究人体组织在病理状态下的化学变异，通过对标本的化学作用和定量分析来判断病因。生化实验室包括电泳、内分泌、电解质、肝功能、血气分析等，因设备更新迭代速度非常快，所以空间上要求预留尽可能大的空间。

2）科室构成

检验科科室构成详见表4-14。

表 4-14　检验科科室构成

房间/区域名称	单位面积(m^2)	备注
公共区		
公共等候区	100	—
报告打印区	20	建议设置在公共走廊上
标本接收区		
接待台	15	—
抽血室	50	—
住院标本接收工作站	8	—
标本处理区	10	—
生化区		
临床实验室	60	化学检验、尿常规、大便常规、血常规、静脉血等
传染病	20	—
艾滋病初筛	20	—
离心机	10	—
高压消毒锅	10	—
应急冰箱	10	—
冰箱/冰柜	20	—
办公室	10	—
血液学实验室		
血液学检查	20	—
储血冰箱	5	—
配血设备	15	—
离心机	10	—
微生物检查区		
缓冲区	5	—
标本采集区	5	—
检查区	50	—
冰箱/冰柜	8	—
试剂和供应存储室	10	—

（续表）

房间/区域名称	单位面积(m^2)	备注
应急洗手/眼池	2	—
应急淋浴	5	—
办公室	12	—
辅助用房		
试验室	15	—
标本库	15	—
水处理	20	—
库房	15	—
资料室	10	—
冷库	40	—
试剂库	20	—
易燃有毒物品存放区	10	—
污物间	10	—
医护人员辅助用房		
医生办公室	30	—
主任办公室	10	—
护士长室	10	—
示教室	70	—
员工休息室	50	—
女更衣室	15	—
男更衣室	10	—
淋浴室	10	—
男值班室	10	—
女值班室	10	—
员工厕所	15	—
总计	视规模而定	

结合实际情况，部分设备房间冬季仍需制冷，须设置独立空调系统。

3）科室平面图

检验科平面图如图 4-26 所示。

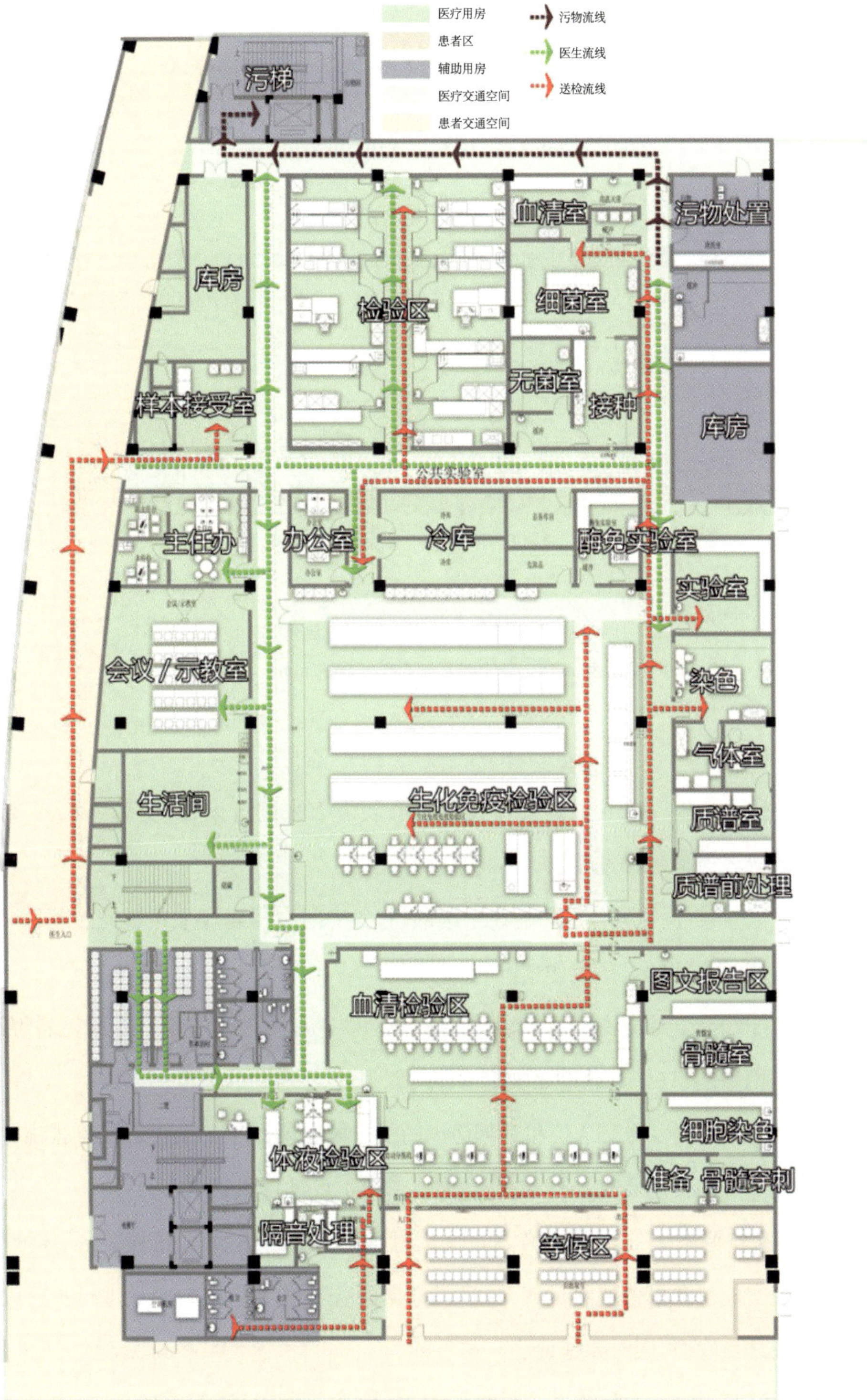
医疗用房
患者区
辅助用房
医疗交通空间
患者交通空间
污物流线
医生流线
送检流线
污梯
库房
检验区
血清室
污物处置
细菌室
无菌室
接种
样本接受室
库房
主任办
办公室
冷库
酶免实验室
实验室
会议／示教室
染色
气体室
生化免疫检验区
生活间
质谱室
质谱前处理
图文报告区
血清检验区
骨髓室
细胞染色
体液检验区
准备
骨髓穿刺
隔音处理
等候区

图 4-26　检验科平面图

4）标本流线

患者到采血中心→标本到处置室处理→各检测区域→标本储存区→污梯。

检验科采血流线平面图如图 4-27 所示。

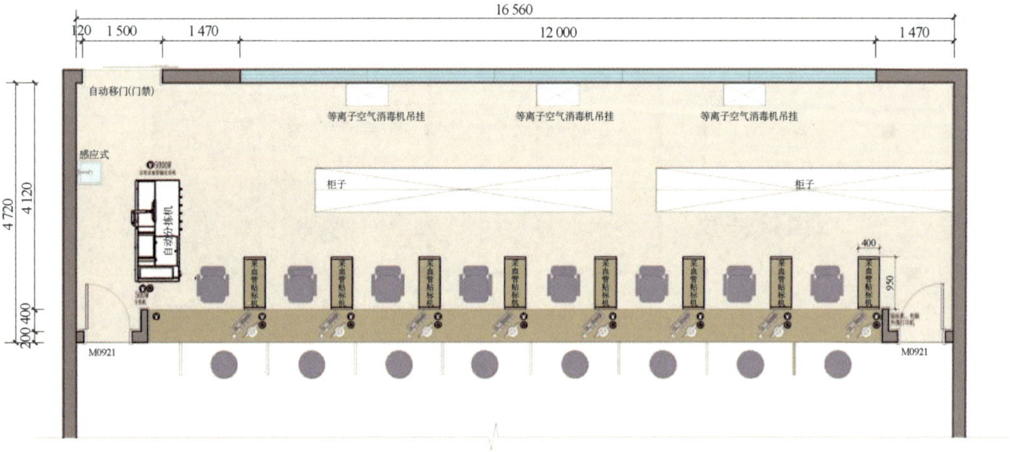

图 4-27 检验科采血流线平面图(mm)

5）其他设计要求

(1) 检验科三级流程需要根据具体设备的安装需求来进行设计，明确纯水、污水、强电、弱电、物流等各方面的详细要求。

(2) 为避免感染，检验科各房间建议采用移门，各房间之间建议采用透光玻璃窗，以便技术人员观察相邻房间的设备运作情况。

(3) 检验科冰箱需要安装温湿度监控系统（包括硬件和软件），建议所有冰箱和孵箱后面都提前布局网络端口（如果通过无线传输即可取消此类网口）。

(4) 检验科细菌室生物安全柜和全部通风橱的排风建议通过专用管道就近排出，为保证通风流量达到房间使用要求，建议根据房间内通风量设计排风管道直径。

(5) 检验科空调系统：检验科工作区因为大量仪器设备制热，如血液检验区、体液检验区和生化免疫室的仪器设备放热量较大，建议根据设备功率对空调制冷量进行提前设计，防止后期出现过热隐患，同时要保证全年都可开放。

(6) 检验科使用新风系统建议如下：体液检验区（10 次/h）、体液标本接收区（10 次/h）、骨髓染色室（6 次/h）、体液标本间（10 次/h）、标本接收室（10 次/h）、高压灭菌室（10 次/h）、接种室（6 次/h）、细菌室（6 次/h）、结核室（6 次/h）、危险品室（6 次/h）。

（7）建议检验科临检室、生化免疫室、急诊化验室、分子诊断室、细菌室、结核 P2 实验室、骨髓室、质谱室考虑设置不间断电源系统（uninterruptible power system，UPS）间，具体 UPS 电源功率根据设备具体要求进行设计。

4．病理科

病理科主要为手术室服务，应尽可能与手术相关功能用房接近，同时梳理功能流程，使功能使用尽可能便捷、快速。

1）空间要求

病理科在大型医院可以单独设置，一般可与检验科合并。病理解剖室宜和太平间合建，与停尸间有内门相通，并应设置医务人员更衣与淋浴空间。

2）科室构成

病理科科室构成详见表 4-15。

表 4-15　病理科科室构成

房间/区域名称	单位面积(m^2)	备注
标本接收区		
标本接收	30	—
缓冲	20	—
污区小货梯	5	—
污染区		
切割/鉴定和冰冻切片区	18	—
取材/脱水区	25	—
包埋/切片区	18	—
免疫组化室	30	—
液基/细胞/制片区	20	—
冰箱/冰柜	20	—
组织筛查区	20	—
细胞筛查区	10	—

（续表）

房间/区域名称	单位面积（m^2）	备注
穿刺取材区		
穿刺取材室	20	—
接诊室	15	—
污物室	8	—
辅助用房		
库房/试剂室	15	—
易燃易爆物品储藏室	8	—
污物室	10	—
清洁间	10	—
标本库	15	—
组织库	10	—
设备储存区	10	—
清洁区		
资料室	40	—
医护人员辅助用房		
医生办公室	20	—
主任办公室	10	—
示教室	30	—
员工休息室	15	—
男更衣室	5	—
女更衣室	5	—
淋浴室	5	—
员工厕所	10	—
值班室	10	—
总计	视规模而定	

3）科室平面图

病理科科室平面图如图 4-28 所示。

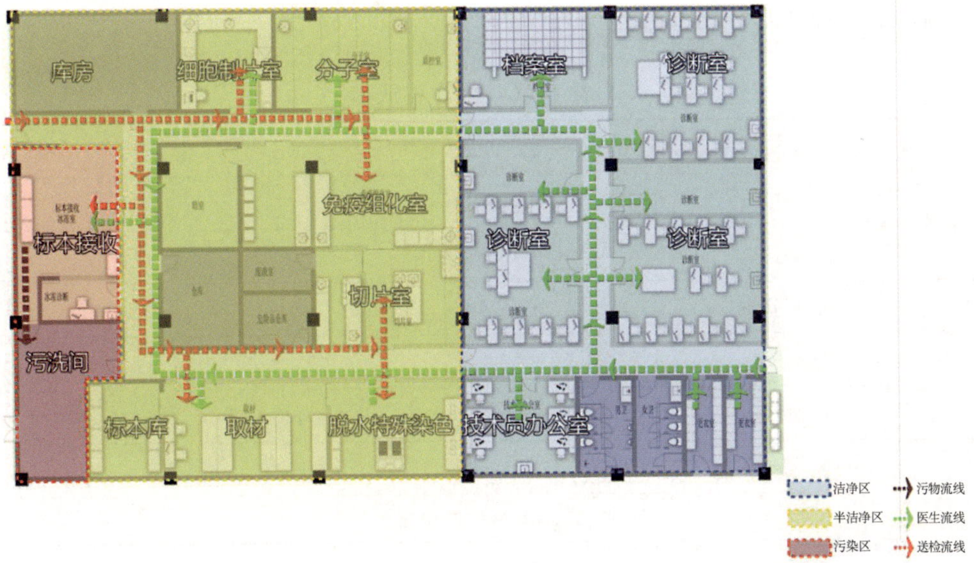

图 4-28　病理科科室平面图

4）标本流线

标本接收→各检测区域→标本储存区。

5. 血库

1）空间要求

（1）血库一般归检验科管理，因采血时要对血液进行检验，但血库要求无菌，检验科却有菌，故二者要有一定的卫生隔离。血库应与手术室邻近，且不得与产生放射线的用房相邻。

（2）采血室要用玻璃隔断分隔，中间设孔洞，手臂可伸入。储血即血库，主要设备为冰箱，应远离热源。

（3）配血室要求有严格的卫生隔离，出入要更换鞋、衣，无菌操作；配血室不得与外直通，而与储血室前室相通；室内设显微镜台与洗手盆，北向，避阳光；采血的器皿要消毒、洗涤，故与洗消室要邻近。

（4）血液、血清室宜朝北；采血设施应自成一区，献血者应有单独出入口，以减少交叉感染；采血室为无菌操作室，一般采用带有采血窗的隔断与献血室隔开，此窗要求防止采血室受到献血室的污染，并能阻挡献血者视线窥见采血情况。

2）科室构成

血库构成详见表 4-16。

表 4-16　血库构成

房间/区域名称	单位面积(m^2)	备注
实验区		
收发血室	30	—
配血实验室	60	—
试剂库	20	—
储血区	60	—
更衣/缓冲区	30	—
医护人员辅助用房		
办公/休息室	22	—
主任办公室	12	—
示教室	32	—
男更衣室	7	—
女更衣室	7	—
淋浴室	5	—
员工厕所	15	—
值班室	10	—
总计	视规模而定	

3）科室平面图

血库平面图如图 4-29 所示。

4）血液标本流线

患者血液流线：标本接收→检测区（离心、交叉配血等输血相容性检测）。

供血流线：处置间→血库→配血检测合格后→发血大厅。

6. 内镜中心

考虑到门诊、住院患者的便捷到达，内镜中心一般位于医技区域。由于来往患者没有其他检查多，一般设置在相对安静的区域，同时宜靠近门诊手术部。

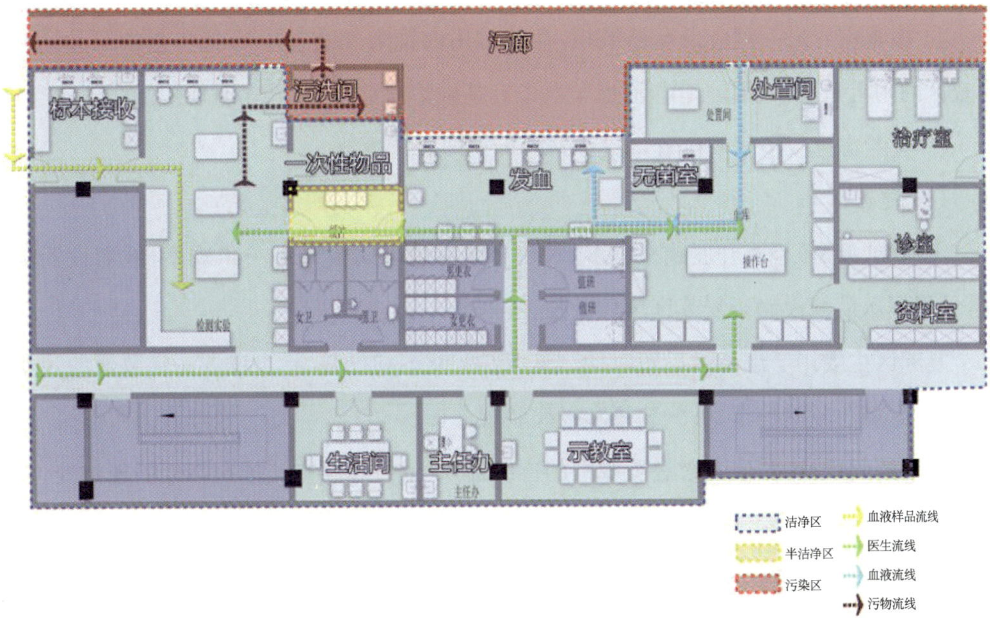

图 4-29　血库平面图

1）空间要求

（1）接诊—候诊—预约台

预约室要有足够的空间，根据日工作量而定，日工作量达到 60 例以上的医院，预约室面积要达到 40 m² 以上。有较大的等候区，门诊患者和住院患者应有不同的进出通道。

（2）准备区

为即将接受检查的患者提供一个宽敞明亮的准备区，有利于患者休息和缓解紧张情绪。同时对需要更换检查裤的内窥镜检查必须设置更衣室、卫生间。要注意患者的私密性及衣物的安全性。

（3）检查间

① 要有足够的空间，面积应在 20 m² 及以上。

② 建议检查间之间有内走廊联通，方便医生会诊。

③ 任何内镜操作至少要 2 人，操作台应在房间的中央，以保证其四边均可进行各自的工作。

④ 室内光线明暗适中，安装可调节的灯光。采光过强者可在窗户上挂窗帘，窗帘选择红黑布制作，也可用百叶窗帘，以保持室内较暗，使内镜图像清晰。

⑤ 室内要有供水系统和排水系统。

⑥ 检查室的另一侧应设有器械柜，存放常用内镜附件及常用药品和急救药品。靠近检查床的附近放置一辆治疗车，治疗车上备有基础治疗盘，方便操作时使用。

⑦ 应考虑抢救车停放位置，一旦需要，可立即展开抢救。

（4）复苏区

无痛（或麻醉）检查开展越来越多，术后需要对患者病情做进一步观察，故需设置复苏区，并根据医院规模确定复苏区床位数量。

复苏区主要用于患者术后短时的休息、观察、复苏和抢救，除了设置一定数量的观察床外，还应配备急救治疗车、供氧装置和吸痰装置。

进行房间设计时，应考虑患者观察的连续性，尽量将观察室安排在临近护理站处，以便护士观察。

（5）清洗消毒间

① 肠镜清洗消毒设备应与胃镜清洗消毒设备分开摆放。

② 污染的内镜应与消毒好的内镜分开摆放。

③ 无菌物品与消毒好的物品及清洁物品均须分开摆放。

④ 洗消间总面积应不小于 40 m^2。

⑤ 通风设备齐全，有开放的窗户利于通风。

⑥ 洗消间应设置在检查间的附近。

（6）内镜储藏室

① 镜子存放必须是悬吊式，这有利于镜子管腔的干燥；操作部与连接部的镜身必须自然弯曲，否则会影响镜子的使用寿命。

② 柜子高度大于镜身，底部镶嵌具有缓冲作用的材料。内镜先端部应套入海绵圈内，防止镜面刮花和先端部的撞击。

③ 柜子本身必须洁净，由不锈钢制成，并定期进行清洁消毒。

④ 柜子必须密封，防止潮气和灰尘进入。

⑤ 带有干燥、排气、紫外线消毒功能。

⑥ 柜子的内部应既能存放尽可能多的镜子，又不损伤镜子。

2）科室构成

内镜中心科室构成详见表 4-17，内镜中心设计效果图如图 4-30 所示。

表 4-17　内镜中心科室构成

房间/区域名称	单位面积(m^2)	备注
接待等候区		
接待台	12	—
公共等候区	100	—
公共卫生间	20	—
术前准备术后恢复区		
更衣室	10	—
二次等候区	20	—
术前准备区/恢复床	8	—
护理站	8	—
治疗准备区	10	—
处置室	10	—
污物间	10	—
气管镜治疗区		
二次等候区	10	—
无性别厕所	6	—
术前准备区/恢复床	4	—
气管镜室	20	—
患者更衣室	8	—
医护准备室	10	—
气管镜储藏室	6	—
气管镜清洗室	10	—
内窥镜治疗区		
肠胃镜室	25	—
无性别厕所	6	—
超声肠胃镜室	25	—
体外碎石室	25	—
处置室	10	—
膀胱镜治疗区		
患者更衣室	8	—
医护准备室	10	—
膀胱镜室	25	—
膀胱镜控制室	5	—

（续表）

房间/区域名称	单位面积（m^2）	备注
膀胱镜储藏室	6	—
辅助用房		
护理站	8	—
腔镜储藏室	6	—
污物间	10	—
医护人员辅助用房		
医生办公室	20	—
主任办公室	10	—
护士长室	10	—
示教室	30	—
员工休息室	20	—
女更衣室	10	—
男更衣室	10	—
淋浴室	10	—
值班室	15	—
员工厕所	10	—
总计	视规模而定	

图 4-30　内镜中心设计效果图

3）科室平面图

内镜中心平面图如图 4-31 所示，ERCP 检查室及洗消间平面图如图 4-32 所示。

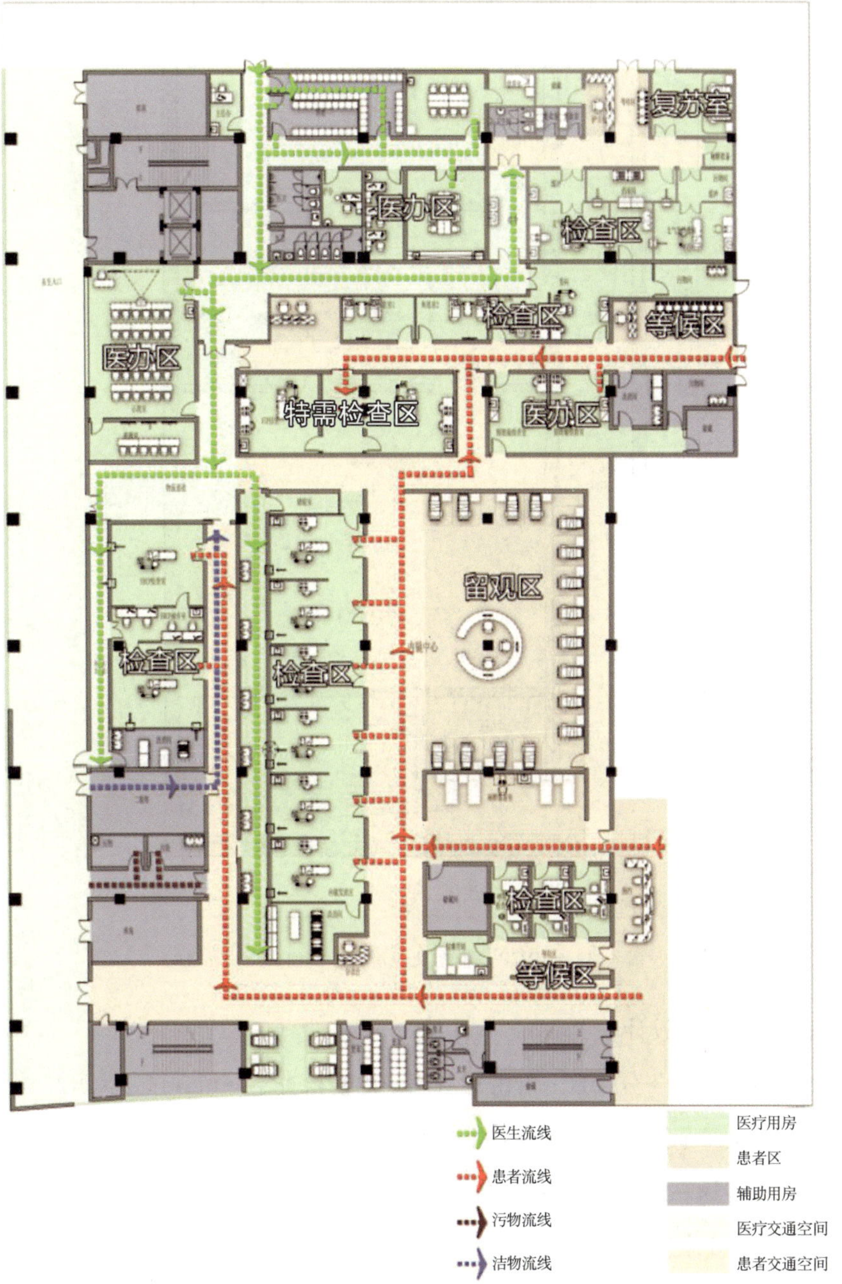

图 4-31　内镜中心平面图

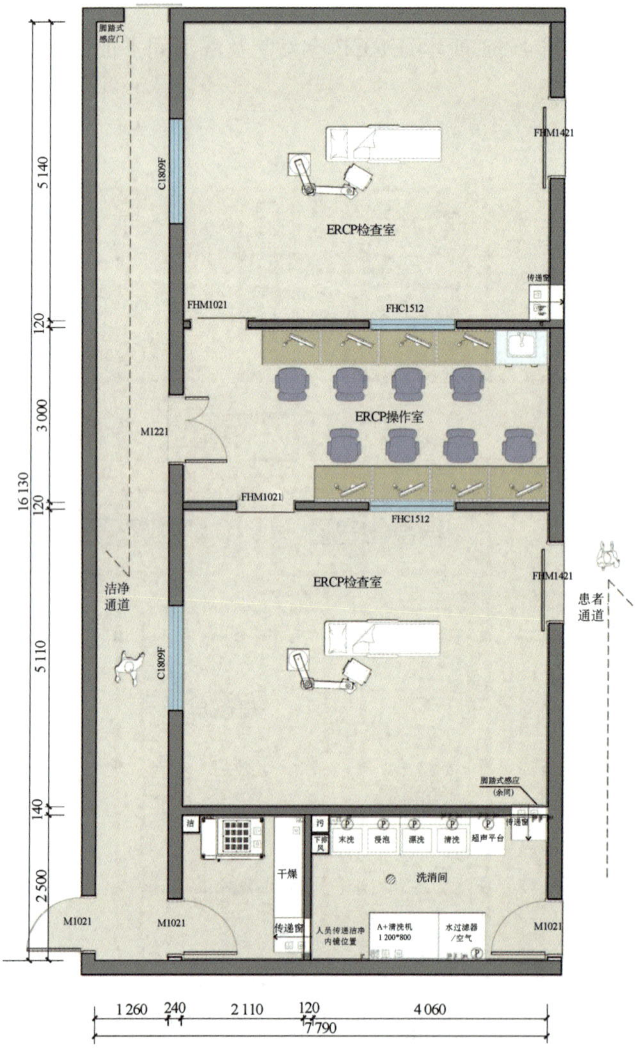

图 4-32　ERCP 检查室及洗消间平面图(单位:mm)

4）医疗工艺流线设计

患者流线:等候区→分诊台→麻醉准备间→内镜检查室→留观区→离开。

医护流线:医护通道→更衣室→各个操作间。

污物流线:污物→污物暂存→污梯。

5）其他设计要求

（1）内镜诊疗中心部分房间三级流程设计应注意吊塔、水、强弱电、气体、网络等诸多相应配套要求,位置、高度、数量等须进一步细化。

(2) 无菌内镜的诊疗环境至少应达到非洁净手术室的要求，建议配备手卫生装置，采用非手触式水龙头，诊疗室和清洗间采用洁净墙板，诊疗室设置转播录播视频线至示教室(一般建议从吊塔处预埋至示教室)。

(3) 清洗消毒室建议采用机械通风，因消毒的过氧乙酸比空气重，建议采取"上送下排"方式，换气次数宜不少于10次/h。

(4) 清洗消毒流程应做到由污到洁，建议污染区和清洗区有物理分割。

(5) 清洗区水供应：冷水、热软水(热纯水)(电加热方式，需设置单独开关回路，防止干烧)、纯水都需设置物理总阀。

(6) 清洗区断电方案：建议设置独立配电箱。

7. 超声中心

由于超声检查的便捷、安全和可靠等优点，在临床诊断和介入治疗等多方面得到了迅速的发展。针对不同部位和功能的要求，超声检查的类型也日趋细化，主要的超声检查类型有：B型超声、三维超声、介入超声、彩色多普勒超声、组织弹性超声、M型超声等。

1) 空间要求

应考虑门诊、住院患者的交通便捷。宜设置在医技部二层或三层，并且与门诊、急诊部和住院部有便捷的交通联系。有较大的等候区，门诊患者和住院患者应有不同的进出通道。在超声检查室内设置医护人员专用通道，将各个诊室相连。

2) 科室构成

超声中心科室构成详见表4-18。

表4-18　超声中心科室构成

房间/区域名称	单位面积(m^2)	备注
接待等候区		
接待台	8	—
公共等候区	100	—
公共卫生间	30	—
超声检查		
二次等待区	20	建议设置在患者通道上

（续表）

房间/区域名称	单位面积（m^2）	备注
更衣室	19	—
B超室	15	—
观察间	20	—
食道超声及超声介入		
二次等候区	10	建议设置在患者通道上
食道超声室	22	—
超声介入室	22	—
观察间	20	—
辅助用房		
设备暂存区	12	—
储藏室	8	—
护理站	8	—
治疗准备室	12	—
处置室	20	—
医护人员辅助用房		
医护办公室	30	—
主任办公室	12	—
示教室	50	—
员工休息室	20	—
女更衣室	10	—
男更衣室	10	—
淋浴室	10	—
值班室	20	—
员工厕所	20	—
总计	视规模而定	

3）科室平面图

超声中心平面图如图 4-33 所示。

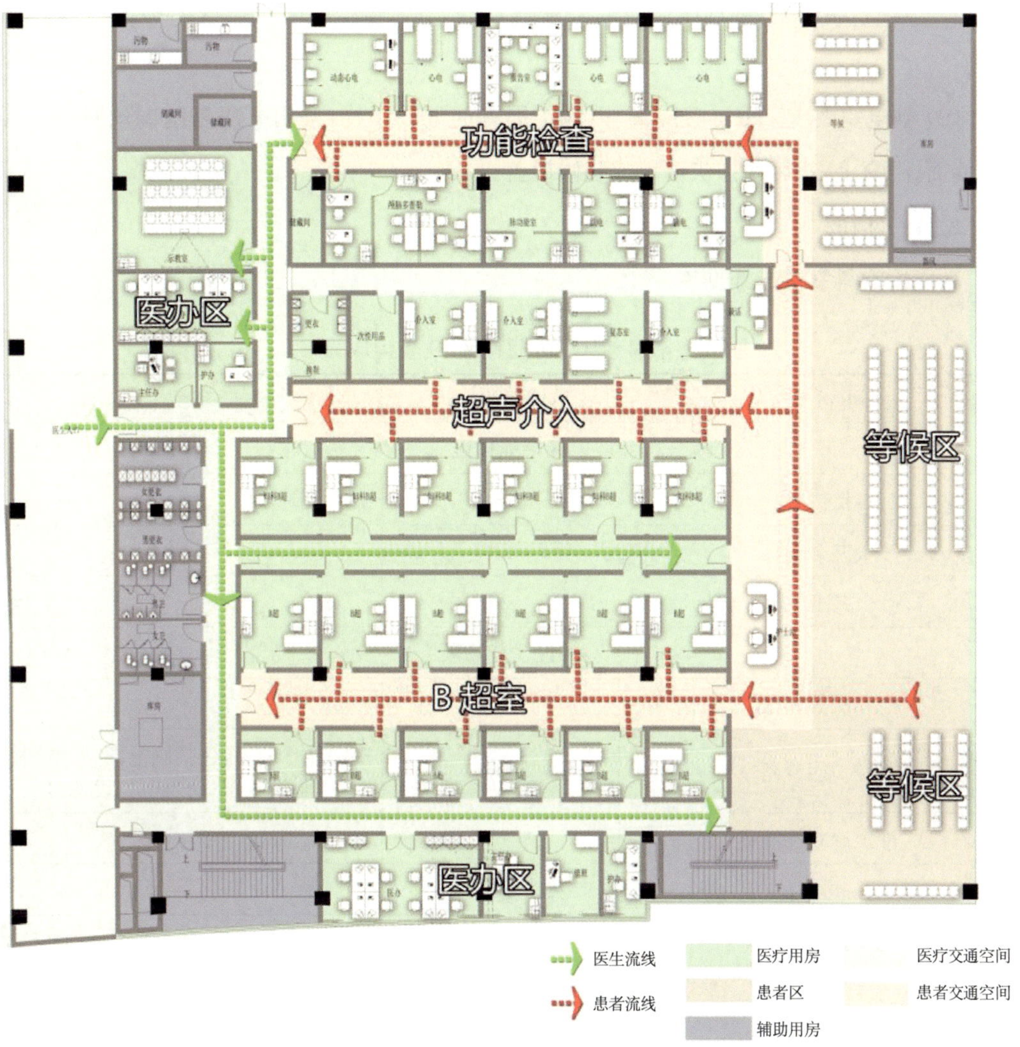

图 4-33　超声中心平面图

4）医疗工艺流线设计

患者流线：候诊大厅→护士台登记分诊→各机房。

医护流线：医护通道→更衣室→进入各个机房或报告室。

污物流线：污物→污物暂存→污梯。

8. 功能检查

一般位于医技部分，靠近超声中心；由于从门诊过来检查的人流量较大，所以建议设置在门诊附近;门诊患者和住院患者应有不同的进出通道。

1) 空间要求

(1) 心电、超声、基础代谢等需要卧姿检查的床间净距不应小于 1.2 m,并宜设隔断设施。

(2) 脑电室要求采取屏蔽隔离,以隔绝周围的电波干扰,常用方法是用铜丝网钉在天棚、墙面、门窗上,然后用抹灰覆盖或装修覆盖。

2) 科室构成

功能检查科室构成详见表 4-19。

表 4-19　功能检查科室构成

房间/区域名称	单位面积(m^2)	备注
接待等候区		
接待台	8	—
公共等候区	50	—
公共卫生间	20	—
神经功能诊断		
二次等候区	10	—
神经功能诊断室	30	多功能诊断室,包括脑电图、肌电图、眼震电图、诱发电位设备
神经诊断控制室	6	—
肺功能检查		
多功能测试室	19	—
肺功能测试室	19	—
辅助用房		
储藏室	7	—
医护人员辅助用房		
医护办公室	20	—
主任办公室	10	—
示教室	50	—
员工休息室	20	—
女更衣室	5	—

（续表）

房间/区域名称	单位面积（m²）	备注
男更衣室	5	—
淋浴室	5	—
员工厕所	10	—
总计	视规模而定	

3）科室平面图

功能检查平面图如图 4-34 所示，肺功能检查平面图如图 4-35 所示。

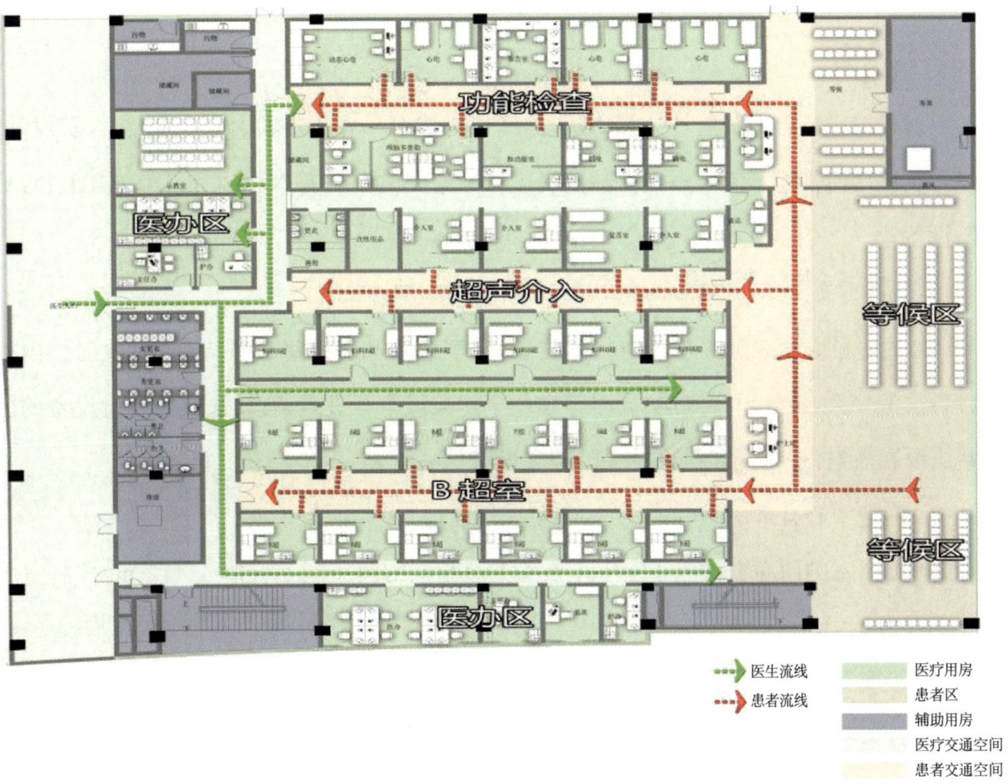

图 4-34　功能检查平面图

4）医疗工艺流线设计

患者流线：候诊大厅→护士台登记分诊→各功能检查室。

医护流线：医护通道→更衣室→进入各检查室。

污物流线：污物→污物暂存→污梯。

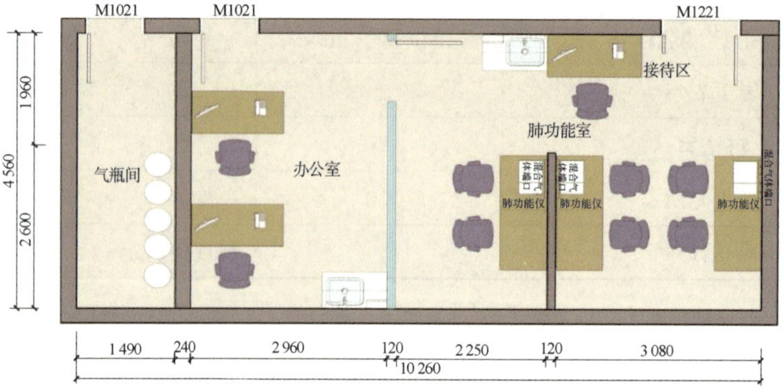

图 4-35　肺功能检查平面图(单位:mm)

9. 放射科

放射科的设备含有放射性或强磁场等,所以对建筑环境的要求十分严苛,在医院设计、建设乃至使用时都是最需要重点关注的科室。放射科的设备有 X 线、CT、DR、MRI、DSA、钼靶设备等。

1) 空间要求

(1) 放射科应设在医院较为中心的位置,便于急诊和住院患者共同使用;放射科内机器设备重量较大,最好设在底层,同时考虑便于担架或推车进入;有较强放射能量设备的放射室应设在放射科的尽端或自成一区,独立设置。

(2) 影像中心宜采用尽端式设置,避免采用通过式。

(3) 诊断室的门净宽不应小于 1.1 m,CT 诊断室的门净宽不应小于 1.2 m,控制室的门净宽宜为 0.9 m。

(4) 设肠胃透视时,应设调钡处和专用厕所。

(5) 放射科检查设备空间需设置辐射防护,后续章节将详细论述。

(6) CT、MRI 等大型设备宜靠外墙区域设置,并预留运输通道。

(7) 放射和诊断性影像服务应随时可得,以满足患者需求。

(8) 放射科诊断室或治疗室均要有足够的面积,以安置不同型号的机器,包括机器底座、球管、地轨、地沟、诊察室、操纵台、高压变压器等;应考虑就诊者的更衣面积和担架的回转面积;一般不小于 24 m^2。

(9) 暗室的进口处应设有遮光措施。暗室内应有良好的通风设施,炎热地区应有降温设备。暗室的面积宜为 8～12 m^2，内墙应做油漆。

(10) 有放射线防护要求的房间，应有足够的防护厚度，以保证工作人员所受到的辐射不超过允许标准剂量。

(11) 应保证放射(疗)科室内设备的电压稳定与电量充裕。采暖地区，放射(疗)室最好有专管供暖。

(12) MRI 入口须设置更衣室。

2) 科室构成

放射科科室构成详见表 4-20。

表 4-20　放射科科室构成

房间/区域名称	单位面积(m^2)	备注
接待等候区		
接待/分诊台	15	—
急诊接待台	8	—
急诊值班室	30	—
公共等候区	100	—
公共卫生间	30	—
患者更衣等候区		
二次等候区	20	—
女更衣间	10	—
男更衣间	10	—
公共卫生间	20	—
检查区		
X 光室	25	—
X 光控制室	7	—
数字胃肠机室	32	—
数字胃肠机控制室	7	—
乳腺室	20	—
乳腺控制室	7	—
骨密度室	20	—

（续表）

房间/区域名称	单位面积(m^2)	备注
骨密度控制室	7	—
CT室	50	—
CT控制室	8	—
CT设备室	5	—
工作区	10	—
MRI区		
MRI室	60	—
MRI控制室	10	—
MRI设备室	22	—
辅助用房		
治疗准备室	20	—
污物室	20	—
设备储藏室	20	—
仓库	02	—
医护人员辅助用房		
医护办公室	35	—
主任办公室	16	—
读片室	95	—
示教室	50	—
员工休息室	20	—
男更衣室	10	—
女更衣室	10	—
淋浴室	10	—
员工厕所	10	—
男值班室	10	—
女值班室	10	—
总计	视规模而定	

3）科室平面图

放射科平面图如图 4-36 所示，DSA 室平面图如图 4-37 所示，CT 室平面图如图 4-38 所示。

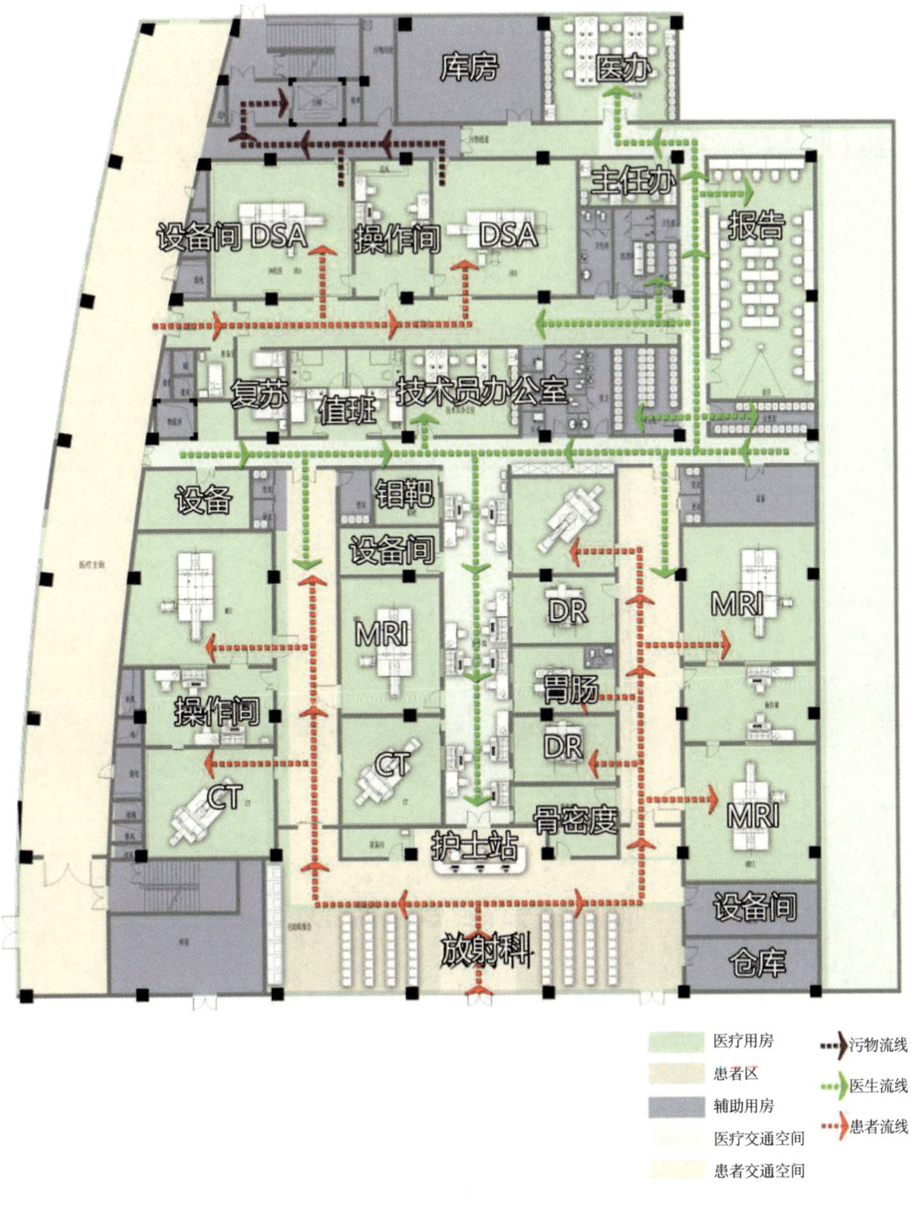

图 4-36　放射科平面图

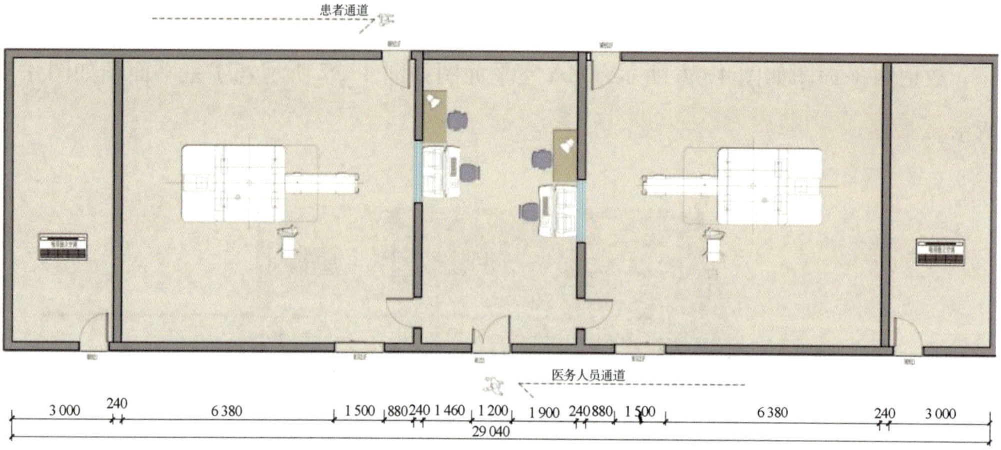

图 4-37　DSA 室平面图(单位:mm)

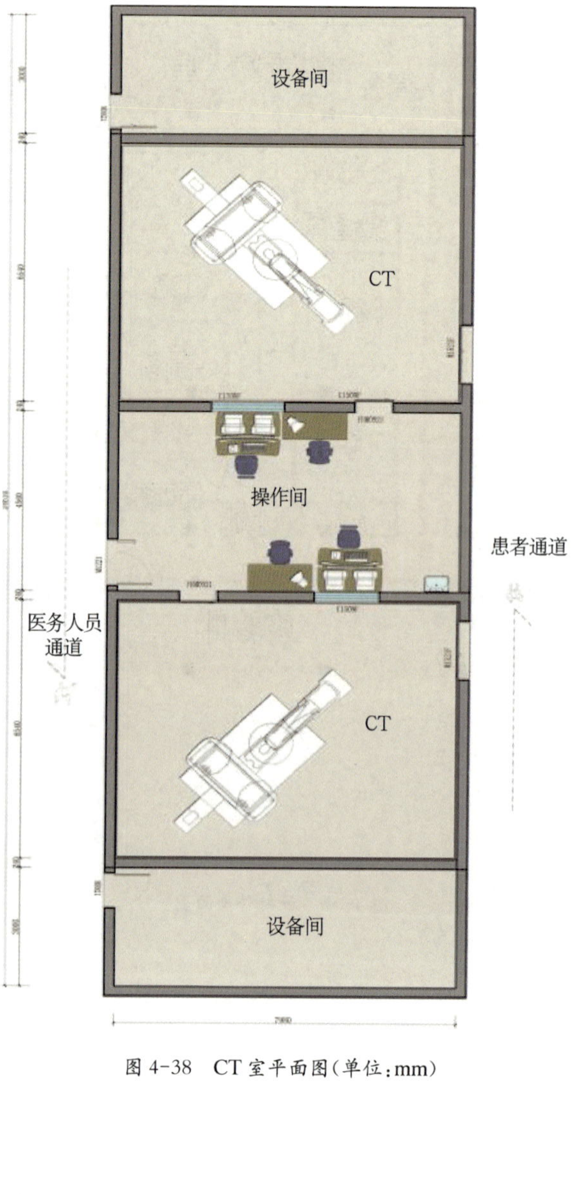

图 4-38　CT 室平面图(单位:mm)

4）医疗工艺流线设计

患者流线：候诊大厅→护士台登记分诊→各机房。

医护流线：医护通道→更衣室→进入各机房或报告室。

污物流线：污物→污物暂存→污梯。

5）CT 电源要求

CT 的电源电压采用的是三相五线制，电压为 380 V，最大偏差不得超过 ±10%；频率是 50 Hz，最大偏差不得超过 ±3 Hz，相间电压间的最大偏差不得超过最小相电压的 2%。能谱 CT 的最大功率为 150 kVA，连续功率为 25 kVA，功率因数为 0.85；设备最大瞬间峰值电流为 253 A，连续电流为 38 A，推荐使用最小过电流保护器的额定电流为 150 A。

CT 机供电系统必须采用变压器中性线接地的三相五线制 TN 系统。最好配置专用独立电源变压器，其功率应大于 225 kVA。电源变压器至 CT 机之间最好拉设专用独立电力电缆，同时不能在该电缆上接入其他大功率电感性负载。为保证电源内阻要求，变压器内阻要低于所要求的总内阻的一半，电缆线径须足够粗，其截面积视总长度而定。电缆线要埋入地底，因此电缆沟的尺寸应宽 20 cm、深 15 cm。电缆沟只供能谱 CT 专用，要求必须做到表面平整，防水防油，远离发射源，避免温度剧烈变化。同时，扫描间和操作间必须预留直径至少 15 mm 的电缆穿墙孔，以确保电缆的正常连接。

为了方便日后维修，机房的各个房间都应该配带地线的交流 220 V 的电源插座若干。同时 CT 的电源系统须单独供电，与空调、洗片机、照明以及电源插座等用电分开。CT 系统可采用专用独立的保护接地，接地电阻不大于 2 Ω，且必须采用与供电电缆等截面的多股铜芯线。为了电气安全的需要，配电柜必须具备防开盖锁定的功能。

10. 静配中心

静配中心应考虑运输的便利性，与住院部、输液室等需要静脉注射药物的部门邻近设置。

根据医疗规划，静脉配置可分为全静配和半静配，全静配模式所需的建筑面积要略大于半静配模式。

1）空间要求

需要便捷的物流方式解决运输问题。

2）科室构成

静配中心科室构成详见表 4-21。

表 4-21　静配中心科室构成

房间/区域名称	单位面积(m^2)	备注
配液区		
验货/拆包区	24	—
二级库房	100	—
抗生素调配区	79	—
辅助用房		
污库间	10	—
医护人员辅助用房		
医生办公室	20	—
主任办公室	10	—
员工休息室	15	—
会议室	20	—
男更衣室	5	—
女更衣室	8	—
淋浴室	5	—
员工厕所	10	—
总计	视规模而定	

3）科室平面图

静配中心平面图如图 4-39 所示。

4）设计要点

（1）承重要求：静配中心输液库房的承重要求为 800 kg/m^2，排药准备区的承重不低于 300 kg/m^2，其余场地承重不低于 200 kg/m^2。

（2）层高要求：配置中心的净化宜层高宜为 2.5～2.6 m，非净化区层高宜为 2.7 m。场地梁下层高不宜低于 3.6 m。

（3）空调室外机安装：建设方需考虑和提供合理的位置。

（4）物流要求：建议为配置中心设立专用物流电梯，或者由医院为静配中心指定绿色

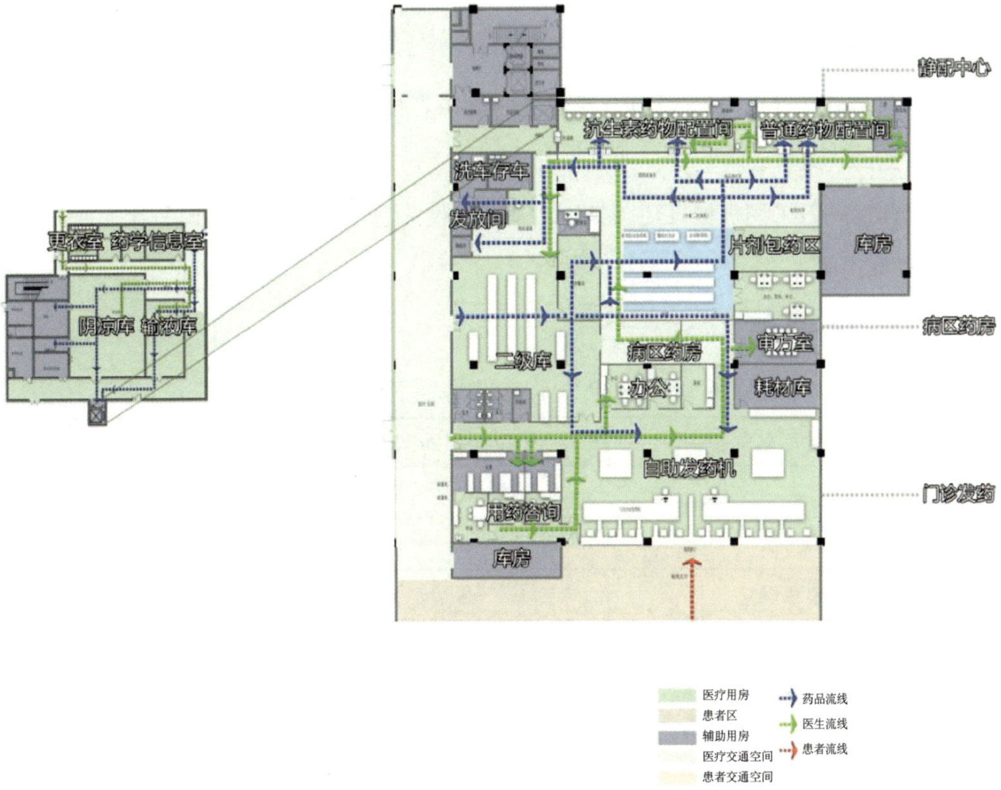

图 4-39　静配中心平面图

通道，方便药物输送。

(5) 水电等其他因素：有足够的电力容量，特别是空调设备的用电负荷。注意清洗间的水量及水压足够。

(6) 静配中心总体区域设计布局、功能室的设置和面积应与工作量相适应，并能保证洁净区、辅助工作区和生活区的划分，不同区域之间的人流和物流出入走向合理，不同洁净级别区域间应有防止交叉污染的相应设施。

(7) 静配中心应设于人员流动少的安静区域，且便于与医护人员沟通和成品的运送。

(8) 设置地点应远离各种污染源，禁止设置于地下室或半地下室，周围的环境、路面、植被等不会对静脉用药调配过程造成污染。已设置于地下或半地下室的，应有明确改造时限，改址后应再次审核、验收，合格后方可批准其集中调配。

(9) 洁净区采风口应设置在周围 30 m 内环境清洁、无污染地区，离地面高度不宜低于 3 m。

11. 门诊药房

1）空间要求

门诊药房应设置在门诊大厅内，或便于门诊患者抵达的地点。药库一般位于地下室，应有方便的卸货条件。

门诊药房一般采用机械发药、窗口人工取药，收费、划价一般在交费时一次完成。

2）科室构成

门诊药房科室构成可参照表 4-22。

表 4-22　门诊药房科室构成

房间/区域名称	单位面积(m^2)	备注
等候区		
等候区	100	—
OTC 零售药店	3	—
药架区		
取药窗	30	—
药剂师办公室	30～40	—
自动发药区	200	—
拆包区	50	—
库房	300	—
自动打包器	20	—
人员辅助用房		
办公室	30	—
示教室	30	—
员工休息室	30	—
男更衣室	5	—
女更衣室	8	—
员工厕所	10	—
总计	视规模而定	

3）科室平面图

门诊药房平面图如图 4-40 所示。

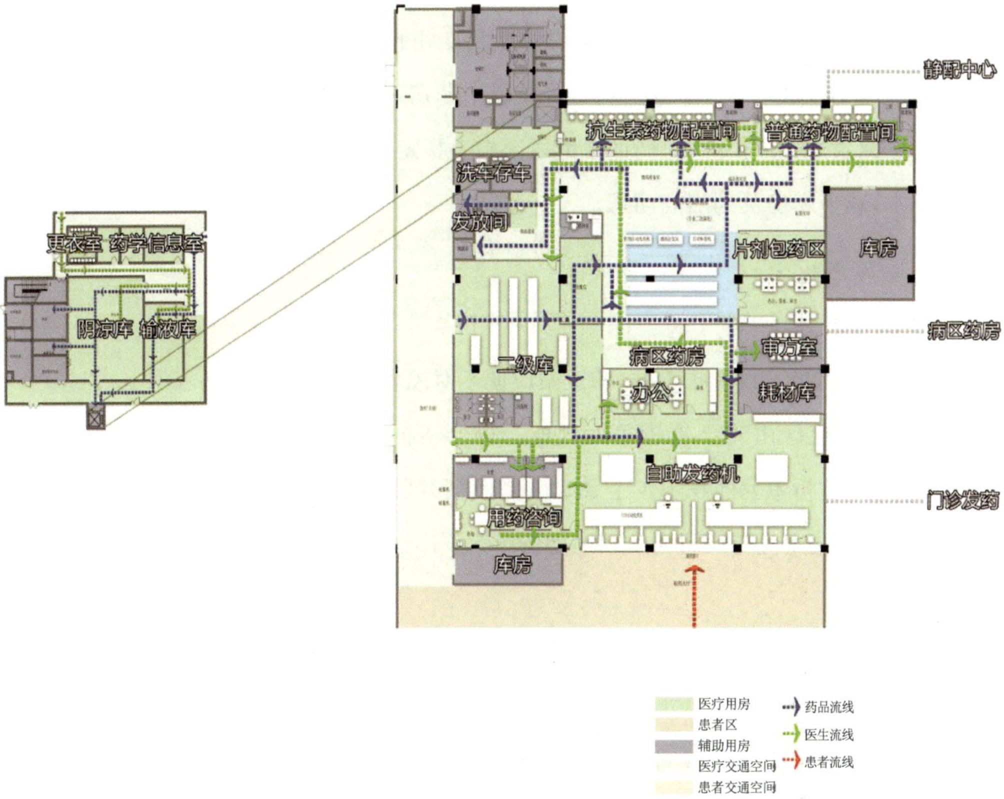

图 4-40　门诊药房平面图

4）设计要点

（1）医院规模较大时，门诊、急诊及中心药房应分别设置，中西药应分开设置。儿科及各传染病科应设单独药房。

（2）中西药房各分为对内和对外两个部分。

（3）中成药与中药抓配方应分设。

（4）候药厅应有一定面积。

（5）药库门应能满足运输车的出入和冰箱的搬运，贵重、剧毒、限量、易燃易爆等药物的贮藏应有安全措施。

（6）药剂科各用房及药库应防潮、防鼠。

（7）当中西药房设置在一起时，最好将制剂部和调剂部分开设置。

（8）调剂室室内避免阳光直射，墙面、地面宜采用耐洗刷材料。

（9）普通制药室中可以分成小间，将药水和药粉分开制作，以免互相影响。

（10）灭菌制剂室要求保持严格无菌，其位置应与门诊部较多人流场所完全隔离。

（11）药库应避免阳光直射，保持室内干燥及良好的通风。

（12）随着社会的发展，很多医院不再设置中药房，只设置窗口，处方接单审方后传递到专门代接煎煮处方的企业，抓药煎煮配送至患者指定的地方，对于医院可以节约人力、设备投入成本，减少库房及药房的面积。

12. 血液净化室

1）空间要求

（1）血液净化室①设置护士站，护士站应便于对患者实施观察及技术操作。

（2）透析治疗区由若干透析单元组成。每个透析单元由一台透析机和一张透析床（椅）组成，每个透析单元面积不少于 3.2 m^2，床（椅）间距不小于 0.8 m。

（3）血液净化室应当设置 4 个以上透析单元。阳性与阴性患者应分区，阳性患者应有独立的透析间。

（4）水处理区面积应为水处理机占地面积的 15 倍以上，地面承重应符合设备要求；水处理设备应避免日光直射；水处理设备用水量较大，宜单独引水。

（5）部分医院将腹透门诊和治疗室也设在此区。

2）科室构成

血液净化科室构成可参考表 4-23。

表 4-23　血液净化科室构成

房间/区域名称	单位面积（m^2）	备注
接待等候区		
公共等候区	50	下一批血透患者等待
公共卫生间	20	—
病房区		
特需间	25	2 间 2 人间
标准透析单元	50	—
辅助用房		
护士站	15	—

① 血液净化室即以往所称血液透析室。

（续表）

房间/区域名称	单位面积(m^2)	备注
设备暂存间	8	推车、轮椅、急救车
治疗室	11	—
输液准备	11	—
处置室	6	—
库房	20	—
洁品库	7	—
被服库	5	—
设备储藏室	8	—
器械间	7	—
污物间	6	—
谈话间	7	—
血透二级反渗透水处理间	80	—
干库房	80	—
湿库房	60	—
AB 液存放间	40	—
血透设备维修间	40	—
医护人员辅助用房		
医生办公室	30	—
主任办公室	9	—
护士长办公室	9	—
示教室	40	—
员工休息室	24	—
男更衣室	6	—
女更衣室	20	—
医生值班室	10	—
护士值班室	10	—
总计	视规模而定	

3）科室平面图

血液净化科平面图如图 4-41 所示。

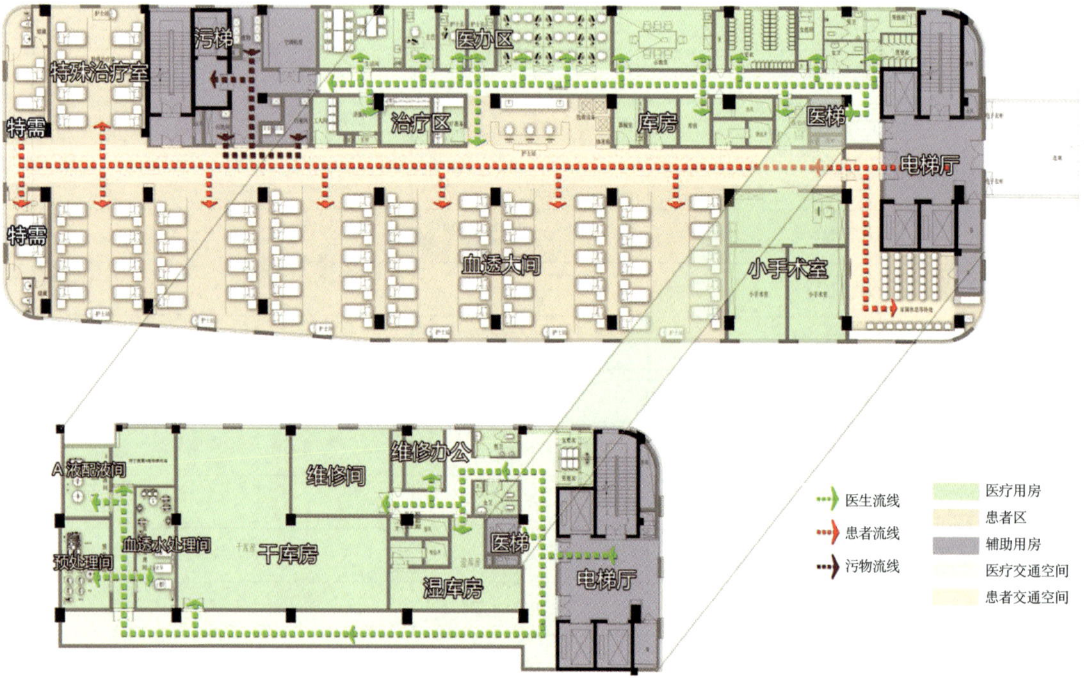

图 4-41　血液净化科平面图

4）流线说明

患者流线：患者电梯→公共走廊→血透各床位。

医护流线：医梯→医护通道→医护人员更衣→诊疗区、生活区。

污物流线：各床位污物→污物处置→污物间→污梯。

5）其他设计要求

（1）设备带上应设置 2 个或以上 16 A 三孔插座，建议电路插座与水路开口分开设置，透析室保证双路供电并配置 UPS 配电间。

（2）透析地面建议采用柔性地板，墙面应采用抗菌耐污水性涂料或医用洁净板等，顶面建议采用铝板天花、石膏板天花等。

（3）透析治疗时间较长，应给患者创造安静、舒适的环境，透析区的照度标准为 100 lx，光源色温为 3 300 K，光源一般选择低色温荧光灯。

4.1.5　后勤保障部

1. 医工科库房及办公室

1）空间要求

一般设置于地下室。

2）科室构成

医工科库房及办公室构成可参照表 4-24。

表 4-24　医工科库房及办公室构成

房间/区域名称	单位面积（m^2）	备注
设备修理用房		
修理暂存区	120	—
设备/手动储藏区域		—
员工工作台		—
仓库		—
车间工具台		—
易燃柜		—
洗手盆		—
办公设备储藏凹间		—
大型设备修理区域		—
医护人员辅助用房		
主管办公室	10	—
开放办公室	30～50	—
会议室	30～50	—
员工休息室	20～30	—
男更衣室	10	—
女更衣室	10	—
淋浴室	10	—
员工厕所	10	—
总计	视规模而定	

2. 消控及监控中心

为了节约管理成本节省建筑空间，现代医院一般将消控和监控结合设置，需设置于地面一层，其构成可参照表 4-25。

表 4-25　消控及监控中心构成

房间/区域名称	单位面积(m^2)	备注
办公室	120	—
监控室		—
用品库		—
值班室		—
总计	视规模而定	

3. 安保人员用房

安保人员用房一般设置于地下室，其构成可参照表 4-26。

表 4-26　安保人员用房构成

房间/区域名称	单位面积(m^2)	备注
办公室	200	—
谈话室		—
监控室		—
仓库		—
员工休息室		—
总计	视规模而定	

4. 保洁人员用房

保洁人员用房一般设置于地下室，其构成可参照表 4-27。

表 4-27　保洁人员用房构成

房间/区域名称	单位面积(m^2)	备注
接收/库管	100	—
设备库		—
洁品库		—
污品库		—
洗涤车间		40 m^2 内设洗衣机洗涤、烘干

（续表）

房间/区域名称	单位面积(m²)	备注
保洁间	100	—
员工休息		—
员工厕所		含淋浴
总计	视规模而定	

5．实习人员用房

实习人员用房构成可参照表 4-28。

表 4-28　实习人员用房构成

房间/区域名称	单位面积(m²)	备注
管理办公室	15	—
员工休息室	100	—
女厕/浴室	15	—
男厕/浴室	15	—
女更衣室	20	—
男更衣室	10	—
总计	视规模而定	

6．后勤保障用房

后勤保障用房一般设置于地下室，其构成可参照表 4-29。

表 4-29　后勤保障用房构成

房间/区域名称	单位面积(m²)	备注
接收平台		
被服运输车	200	—
被服平台		—
食品运输		—
厨房接收区		—
收货平台		—
收发室		
收发室	30	—
快递物品暂存室		—
值班室		—

（续表）

房间/区域名称	单位面积（m^2）	备注
洁品库		
接收/库管	120	—
接收拆包		—
物品储存		—
保洁间		—
物业仓库		
接收/库管	150	—
药剂间存放间		—
设备存放间		—
物料间		—
保洁间		—
总务仓库		
接收/库管	400	—
接收拆包		—
缝补室		—
棉纺织仓库		—
办公用品仓库		—
五金配件		—
废品仓库		—
保洁间		—
工程维修库房		
接收/库管	120	—
接收拆包		—
总务仓库-工程分区		—
淤泥、废液存放		—
外来施工单位设备摆放、操作、仓库		—
操作间/维修		—
保洁间		—

（续表）

房间/区域名称	单位面积(m^2)	备注
洁净被服暂存		
接收/库管	50	—
缝补室		—
接收拆包		—
洁净被服暂存		—
洁车存储		—
保洁间		—
后勤人员办公用房		
物业办公室	300	—
物业主管办公室		—
总务办公室		—
调度中心		—
司机办公室		—
示教/培训室		—
员工休息室		—
女厕/浴室		—
男厕/浴室		—
女更衣室		—
男更衣室		—
护工/后勤休息室		—
员工厕所		—
总计	视规模而定	

7. 垃圾房

医院垃圾房可分为医疗垃圾房、生活垃圾房以及脏被服回收间。

1）空间要求

垃圾房一般设置于地块北侧或远离建筑群，与主体建筑有方便的运输通道。

若设置于地下室，应考虑相关的通风、空调等设施，运输通道需要保证垃圾车能够到达。大型医院可根据空间布置，设置垃圾收集点。

2）科室构成

根据医院体量大小，可以设置多个生活垃圾房采集点，具体构成可参考表 4-30。

表 4-30　垃圾房构成

房间/区域名称	单位面积（m^2）	备注
接收平台		
垃圾车、织物回收车	300	—
被服平台		—
医疗垃圾运输平台		—
生活垃圾运输平台		—
织物回收		
被服库管/工具间	180	—
脏被服库		—
医疗垃圾		
医疗废弃物分拣区	300	—
医疗废弃物区		—
输液软包区		—
盐水瓶区		—
废液区		—
工具间		—
生活垃圾		
库管	200	—
生活废弃物区		—
工具间		—
危险废弃物储存区		—
工程废弃物储存区		—
辅助空间		
洗车区	100	—
清洗间		—
员工休息区		—
淋浴室		—
员工厕所		—
总计	视规模而定	

危险品化学仓库应单独设置，由安保人员和使用部门共同管理。

8. 太平间

太平间应设置于隐蔽处，与其他功能区域相隔离。太平间应有相对独立的运输通道通向院外，避免与医院主要出入口的路线交叉。由于不同地区的习俗和当地民政主管部门的要求不同，尸体不做停留或停留时间极短，所以可适当减小太平间面积。太平间科室构成可参照表 4-31。

表 4-31　太平间科室构成

房间/区域名称	单位面积(m^2)	备注
家属区		
缓冲区	100	—
管家服务站		—
家属等候区		—
展示区		—
告别厅		—
无性别厕所		—
停尸房/尸检		
尸体工作间	25	解剖台需要水、排水和通风。上方有手术灯，下面有地漏
尸体冰柜	15	—
灵车暂停区	40	—
污物间	12	—
保洁间	5	—
库房	12	—
辅助用房		
值班及办公室	10	—
总计	视规模而定	

4.1.6 行政管理

行政管理包括医疗业务管理、行政事务管理、护理事务管理、后勤保障管理、人力资源管理等。要注意规范标准，注重合理与便捷，职能划分要统筹规划、合理布局，鼓励集中办公。区域要相对独立,不同部门之间便于联络,与医疗业务关联性较强的部门可以靠近医疗区域设置。要选择合适的位置布置信息中心、病案室、图书馆、医保办、会议室等,便于满足部门特殊建筑要求和特殊使用要求。

其科室构成详见表 4-32,行政办公单间设计效果如图 4-42 所示,行政办公室平面图如图 4-43 所示,行政会议室平面图如图 4-44 所示。

表 4-32　行政管理科室构成

房间/区域名称	单位面积(m^2)	备注
行政办公用房		
院长办公室	900	—
副院长办公室		—
院办		—
文印室		—
库房		—
人力资源部		—
信息科		—
党政办公室		—
工会办公室		—
医务科		—
病案管理部		—
质管办公室		—
医疗纠纷办公室		—
护理部		—
总务部		—
基建部		—
保卫部		—
财务科		—
营养科		—
各类值班室		—
用户服务中心		—
档案类办公用房		
中心档案室	350	—
财务档案室		—

（续表）

房间/区域名称	单位面积（m^2）	备注
库房	350	
阅档室		—
病案室		—
图书馆		—
信息中心用房		
远程会诊中心	700	—
信息科		—
值班室		—
会议室		—
维修间及库房		—
灾备机房		—
中心机房		—
会议类行政用房		
会议中心	300	—
中型会议室		—
小型会议室		—
VIP 接待室		—
总计	视规模而定	

图 4-42　行政办公室单间设计效果图

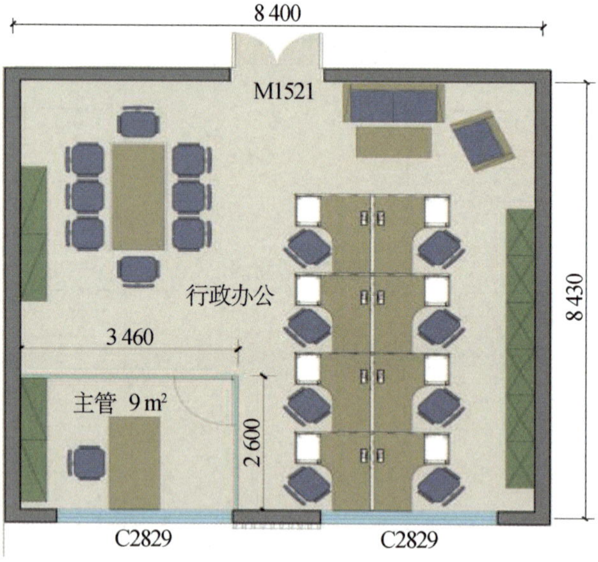

图 4-43 行政办公室平面图(单位:mm)

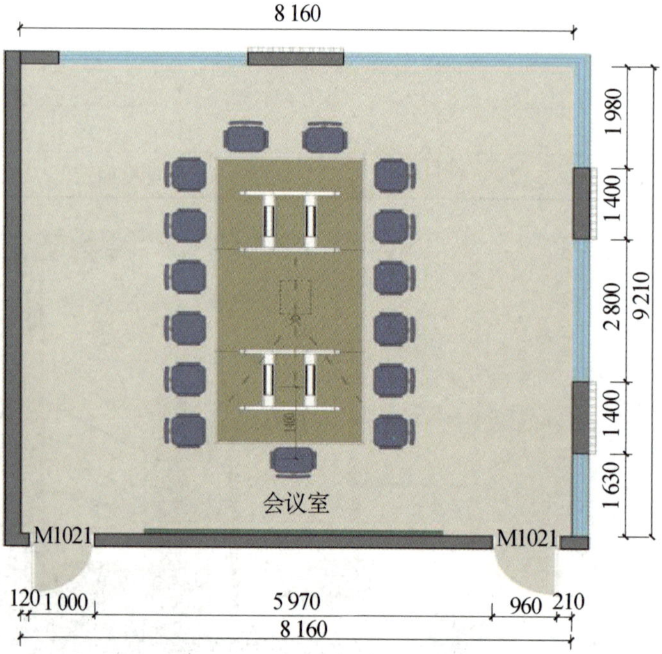

图 4-44 行政会议室平面图(单位:mm)

4.1.7　生活配套用房

1. 膳食中心

膳食中心一般包括职工食堂、营养食堂、患者家属食堂，有条件的还可以设置自助餐厅。其中，职工食堂及厨房构成可参照表 4-33。

表 4-33　职工食堂及厨房构成

房间/区域名称	单位面积(m^2)	备注
餐厅接待台	8～12	—
员工公共用餐区	500～700	—
特需接待用餐区	100	—
自动收货区	50	—
咖啡或小卖部	30	—
公共卫生间	30～40	—
厨房区	300	整体需要厨房专项设计参与

2. 职工宿舍

职工宿舍是解决部分医院员工休息、生活的场所，也是医院必须配套的功能之一，可建设在医疗用地以外区域。职工宿舍构成详见表 4-34。

表 4-34　职工宿舍构成

房间/区域名称	单位面积(m^2)	备注
四人间	20～25	—
单人间	15～20	—
宿舍配套用房	20	—

3. 院内商业

为了满足医护人员、患者及患者家属的日常需求，需要在医院内设置一定的院内商业配套。院内商业构成可参照表 4-35。

表 4-35　院内商业构成

房间/区域名称	单位面积(m^2)	备注
商业区	视医院建设条件定	—
公共卫生间	20～30	—

4.2　医院其他科室

医院的其他部门一般包括体检、预防保健、康复等。

根据上级主管部门的要求或医院自身的业务发展需求，很多医院在满足基本功能的同时，也承担着其他的业务功能。不过，随着医疗改革的逐步深入，体检、预防保健、康复等业务不断从医院分离出来，形成独立的医疗单元。

4.2.1　体检中心

体检中心因定位不同设计不同，首先确定如下问题：

① 是否需要更衣以后进行体检；

② 是否设置 VIP 体检；

③ 是否设置女性专属体检区；

④ 是否设置入住式体检和配套用房；

⑤ 检后是否有系统化健康干预与健康管理。

1. 空间要求

(1) 确保人群分流。体检中心的服务对象是健康者或亚健康者，因此，在体检全程应避免体检人群与医院其他患者人流的交叉感染。

(2) 设置用餐场所。体检项目中含有空腹完成的项目，要求体检者在早餐前进行体检，而空腹体检后体检者需及时补充体力，以接着完成不需空腹完成的项目。

(3) 应对时段人流。在医院正常工作时间内，由于体检含有早餐前完成的项目，而一站式体检的全程耗时仅 2～4 h，因此体检一般在上午完成，而下午一般只有少数人流。

(4) 二次候检为主。体检者在体检过程中需要进入多个诊室，主要等候空间是二次候检通道。

(5) 交流行为频繁。由于医院体检中心主要承担团体体检，交流行为不仅发生在体检者与医务人员之间，体检者之间的互动也十分频繁。

体检中心必备的科目包括内科、外科、妇科、眼科、耳鼻喉科、口腔科、医学影像、超声、检验(抽血)、心电图、特殊检查室等。

2. 科室构成

体检中心科室构成可参照表 4-36。

表 4-36　体检中心科室构成

房间/区域名称	单位面积(m^2)	备注
检查准备区	240	—
接待服务台		—
问卷评估区		—
信息采集处		—
更衣室		—
咨询室		—
卫生间		—
体检区		
二次等候区	—	—
普通检查室	15	身高、体重
采血处	15	—
内科检查室	12	—
外科检查室	12	—
妇科检查室	12	—
耳鼻喉科检查室	12	—
口腔科检查室	12	—
超声检查室	15	—
心电图室	15	—
CT 室	52	可与医院共用
DR 室	25	可与医院共用
骨密度检查室	18	—
肺功能检查室	18	—

（续表）

房间/区域名称	单位面积(m^2)	备注
其他检查室	18	—
标本收集室	15	—
卫生间	20～30	—
检后区		
体检报告发放区	30～40	—
检后咨询室	20	—
健康教育室	20	—
家属等候区	20～30	—
餐厅	50～80	—
卫生间	20～30	—
污物间	10	—
医护人员辅助用房		
更衣室	10	—
护士长办公室	10	—
医生办公室	20～30	—
员工休息室	20～30	—
报告处理、暂存室	15	—
示教室	30～50	—
库房	20	—
卫生间	10	—
总计	视规模而定	

4.2.2 预防保健

预防保健主要包括预防接种、慢病管理、慢病报告、死亡病历报告管理等，主要面对的是健康人群，应有独立出入口，避免与患者发生交叉感染。

预防保健设置儿童保健门诊、妇女保健门诊，一般按照普通诊室配置即可。

4.2.3　康复

根据医院科研实力和国家建设标准，合理、科学建设康复用房。

4.2.4　科研和教学

根据医院科研实力和国家建设标准，合理科学建设科研和教学用房。一般校附属医院、教学医院和实习医院还会承担教学功能，教学用房应根据医院的总体规划要求安排，满足相应的规培要求。

科研用房的组成主要有科研实验室、医学图书馆、示教室等。

教学用房的组成主要有规范化培训教室、示教室、模拟训练室等。

科研和教学用房面积指标可参照表 4-37。

表 4-37　科研和教学用房构成

医院项目	附属医院	教学医院	实习医院
面积指标（m^2/人）	8～10	4	2.5

第 5 章　医疗专项设计要求

医疗专项设计是医院设计中至关重要的一环，医疗专项设计的好坏在一定程度上影响医疗业务的实施和开展，甚至关乎患者的生命安全。本章主要介绍医用净化、医用气体、医疗防护及磁屏蔽、医用纯水、洗衣房、实验室、直升机停机坪、膳食供应、医疗污物和医用污水处理等的设计要求。

5.1　医用净化

医用净化工程是一个综合项目，包含了强电、弱电、水路、气路、送风、空调、智能控制等几大系统，彼此相互关联和配合，组成一套完整的净化系统。其中，弱电专业比较容易遗漏或交叉重叠，是纳入净化工程还是由弱电智能化设计完成，应事先做好规划。

5.1.1　医用净化设计的范围

一般包括洁净手术部、ICU、CCU、NICU、中心供应室、层流病房、静配中心、实验室等。其中，洁净手术部又可根据功能需要和空气洁净度级别作进一步划分。

（1）根据功能需要，可分为正压手术室、负压手术室、低温手术室、杂交手术室、一体化手术室和数字化手术室等。

（2）根据空气洁净度级别，可分为Ⅰ级、Ⅱ级、Ⅲ级和Ⅳ级。不同类型的手术对手术室及辅助用房的净化要求也不同。Ⅰ级洁净手术室用房对手术区空气洁净度级别要求为5级，可参考手术为假体植入、某些大型器官移植、手术部感染可直接危及患者生命及生活质量等手术。Ⅱ级洁净手术室用房对手术区空气洁净度级别要求为6级，可参考手术为涉及深部组织及生命主要器官的大型手术。Ⅲ级洁净手术室用房对手术区空气洁净度级别要求为7级，可参考手术为其他外科手术。Ⅳ级洁净手术室用房对手术区空气洁净度级别要求为8.5级，可参考手术为感染和重度感染手术。

5.1.2 系统要求

(1) 手术室空调采用“四管制”设计，独立设置冷水机组时要考虑采用风冷和水冷方式，风冷机组不需要设置室内机房，设备可安装在楼顶室外。

(2) UPS 间宜设置空调，注意散热，保证温度恒定。

5.1.3 医用净化设计中需要考虑的因素

(1) 洁梯及污梯的位置。

(2) 手术室的间数、净化级别、功能。

(3) 是否设置防辐射、数字化手术室。

(4) ICU 的种类和床位数及采用净化的手段。

(5) 中心供应室清洗机、高温灭菌器的数量。

(6) 静配中心生物安全柜及洁净工作台的数量。

(7) 产房手术室要求。

(8) 教学医院需提出带教学功能的要求。

(9) 非净化区域辅房的空调是否统一考虑。

(10) Ⅲ级手术室采用一拖几的方式。

(11) 设备层需提供净化空调设备位置。

(12) 洁净手术部等净化区域的净化空调系统的主冷热源供应方式(净化区域独立设置、与医院统一考虑)。

(13) 冷热源的系统方式(两管制、四管制)。

(14) 洁净空调系统加湿方式(电极式、电热式、一次蒸汽、二次蒸汽)。

(15) 手术室墙顶地材料(墙面:电解钢板;顶面:电解钢板;地面:地胶板)。

(16) 洁净辅房墙顶地材料(墙面:涂料;顶面:涂料;地面:地胶板)。

(17) 清洁辅房墙顶地材料(墙面:涂料;顶面:涂料;地面:地胶板)。

(18) 办公区墙顶地材料(墙面:涂料;顶面:涂料;地面:地胶板)。

(19) 其他区域墙顶地材料(墙面:涂料;顶面:涂料;地面:地胶板)。

考虑近些年在新建医院和医院改建项目中出现了部分采用从国外引进工业化快装手

术室设计、施工的做法，取得了良好的效果。

5.2 医用气体

医用气体系统设计建设相关标准，参照深圳现代综合医院建设系列丛书《医院医用气体工程建设指南》分册。

随着现代医院对医用气体的使用要求的增加，通常采用集中供气的供应方式。一般有医用氧气供应系统、医用负压吸引系统、医用空气供应系统、麻醉或呼吸废气排放系统等不同的子项。每个子项都包含了气体生产或存储、供应、管道运输、终端使用、监控等方面的内容。一套完整的医用气体系统是由使用的各种气源设备、管道、阀门、分配器、终端设备及监控装置组成的。

医用气体的种类主要包括氧气、负压吸引、压缩空气、氮气、氧化亚氮（笑气）、二氧化碳、氩气、氦气等。医用气体的主要供应区域有手术室、ICU、病房、高压氧舱、内镜中心、口腔科、介入治疗室等。不同区域所需要的气体类型也不相同，其中氧气和压缩空气在几乎所有医疗单元均会使用。不同区域所需气体类型详见表5-1。

表5-1 不同区域所需气体类型

气体系统	氧气	压缩空气	真空（负压吸引）	氮气	氧化亚氮（笑气）	二氧化碳	氩气	氦气	麻醉废气回收
普通病房	√	√							
ICU	√	√	√						
普通手术室	√	√	√		√				√
腹腔手术室	√	√	√		√	√			√
胸腔手术室	√	√	√	√	√		√		√
高压氧舱	√	√							
口腔科	√	√	√		√				

5.2.1 氧气供应系统

医用氧气主要供患者呼吸使用，主要供应洁净手术部、抢救室、各种重症监护病房（ICU/CCU）、待产室、分娩室、产后恢复室、婴儿室、脑电图室、心电图室、肌电图室、数字减影血管造影(DSA)室、CAT室、血液透析室、检查室、治疗室、处置室以及各病房等。

氧气供应源一般由医用液氧储罐、医用氧焊接绝热气瓶汇流排、医用氧气钢瓶汇流排、医用分子筛制氧机提供。医用氧气气源应由主气源、备用气源和应急备用气源组成。备用气源应能自动投入使用,应急备用气源应设置自动或手动切换装置。主气源宜设置或储备能满足1周及以上用氧量,应至少不低于3天的用氧量;备用气源应设置或储备24 h以上用氧量;应急备用气源应保证生命支持区域4 h以上的用氧量。

医用氧气站应单独成建筑,与主体建筑保证一定安全距离。如与其他建(构)筑物相邻,其毗连的墙应为耐火极限不低于1.5 h的无门、窗、洞的防火墙。

医用气体的设备、管道等应有导除静电的接地装置,接地电阻不应大于10 Ω。医用氧气供应点的电力供应应接入医院应急备用电源系统。

医用液氧储罐应采用“一用一备”配置,并且可以切换使用。配套汽化器及减压装置应设置于空气流通场所;汽化器宜采用空温式,且可以切换2组,每组均能保证最大供氧流量;液氧储罐单体容积不宜大于5 m^3,总容积不宜大于20 m^3。相邻储罐之间的距离不应小于最大储罐直径的0.75倍。此外,液氧储罐应设置防雷接地。

5.2.2 负压吸引系统

负压吸引用于吸除患者痰、脓、血、手术污物等,主要供应洁净手术部、抢救室、各种重症监护病房(ICU/CCU)等处。真空泵站由真空泵、真空罐、止回阀等组成;医用真空泵应有备用真空泵,当最大流量的单台真空泵故障时,其余真空泵仍能满足要求正常运行。

传染病科的医用真空系统应独立设置。

医用真空需要设置细菌过滤器或采取其他灭菌消毒措施,并且医用真空系统应设置应急备用电源。牙科专用真空汇需要独立设置系统。牙科用汞合金含有50%汞,对水和环境会造成严重污染,因此还要设置汞合金分离装置。

由于手术对象年龄不同、手术部位不同,为了保证手术过程中的安全,负压吸引气流入口处应有安全调压装置。为了防止手术使用中污物吸入而堵塞,手术过程中使用的负压吸引应设有防止污液倒流装置。真空泵四周应保留不小于800 mm的维修通道。每台真空泵应根据设备或安装要求采取防震措施。机房内应设置适合的通风和空调措施,保证机房内温度不超过机器允许的环境温度。机房内应做好降噪处理。

真空泵排气口应位于室外且远离建筑物，不应与空气压缩机（简称“空压机”）进气口位于同一高度，排气口不得转移至其他生活、工作区，宜高空排放。

5.2.3　压缩空气供应系统

压缩空气用于驱动呼吸机，主要供应洁净手术部、抢救室、各种重症监护病房（ICU/CCU）、待产室、分娩室、产后恢复室等。压缩空气由空气压缩站房提供。压缩空气供应系统应设置至少 1 台备用压缩机，在单台压缩机故障或机组任何支路上发生故障时，能连续供气并满足设计流量的需求。医用空气压缩机组（简称“空压机组”）宜使用同一机型压缩机，且应选择无润滑油类型；当使用不是全无油压缩机的，还应设置活性炭过滤器。空压机需要保证接入医院备用应急电源系统。

空压机组进气口设置要求如下：

（1）室外进气口离本建筑物门、窗、进排气口或其他开口的距离应大于 3 m，且高于室外地面 5 m。

（2）医用空压机组进气口如设在机房内时，不得与真空压缩机及麻醉废气排放系统设置在同一机房内。

（3）牙科空压系统宜独立设置，且空压机应设置“一用一备”。

（4）空压机机房须做好隔音、隔震措施。

5.2.4　氮气、二氧化碳、氧化亚氮供应及应用系统

氮气常存在于空气中，无色、无嗅、不燃，是化学性能极为稳定的气体。在脑外科、整形外科和口腔科中作为驱动气钻之用，液体氮也可以作为低温手术之用，在一定浓度以下，对人体无害。

二氧化碳用于腹腔镜、检查腹腔充气及呼吸掺混气等场合。

氧化亚氮俗称“笑气”，供麻醉以及镇痛掺混气体使用。氧化亚氮是一种最安全而可持续较长时间的外科麻醉剂。在血液中运行时具有物理性扩散，因其扩散速度很大，故吸收排泄很快，容易使人麻醉，也容易使人觉醒，副作用相对较少。

以上三种气体供应源均引自汇流排间，并应设置至少不低于 3 天的用气或储备量。供应源的医用气瓶宜设置为数量相同的 2 组，并应能自动切换使用，每组气瓶均应满足最大

用气流量。当各种气体汇流排在电力中断或控制电路故障时，能持续供气，二氧化碳、氧化亚氮气体供应源不得出现气体供应结冰情况。各种医用气体汇流排在电力中断或控制电路故障时，应能持断供气。为了使医用气体不致中断，汇流排间的供气源系统将 2 组容器分左右两部设置，有自动和手动两种转换形式。

汇流排间不宜与手术部区域距离太远，且有方便的运输通道运送气体钢瓶。汇流排间应设置检测报警系统，并符合相关规范要求。

5.2.5　麻醉或呼吸废气排放系统

该系统的基本配置由气体终端、管路系统、真空负压泵、可自动切换控制电路、废气收集罐和过滤器六部分组成。由于麻醉废气中往往含醚类化合物以及助燃气体氧气，真空泵的润滑油与氧化亚氮及氧气在高温环境下会增加火灾危险，排放系统的材料若与之发生化学反应，会造成不可预料的严重后果。因此，麻醉或呼吸废气排放系统及使用的润滑剂、密封剂，应采用与氧气、氧化亚氮、卤化麻醉剂等不发生化学反应的材料。

5.3　医疗防护及磁屏蔽

放射治疗是利用放射设备释放出高能 X 射线、γ 射线或中子辐射，对肿瘤病灶进行照射，杀灭癌细胞，保存正常组织，从而达到治疗的目的。放射治疗是肿瘤综合治疗的一个重要组成部分。

目前，主要使用的放疗设备有：利用放射性同位素释放 γ 射线的钴 - 60 的远距离治疗机、后装远距离治疗机、伽玛刀以及中子刀等；利用设备运行过程中释放出高能 X 射线的医用 X 射线治疗机；医用直线加速器等。这些设备使用过程中释放出不同能量的 X 射线、γ 射线或中子辐射，在治疗患者疾病的同时也会对周围人群造成损伤。因此，必须对放疗工作场所采取屏蔽防护措施，尽可能降低射线对工作场所外的泄漏，保障工作人员和公众的健康与安全。

所谓屏蔽防护，就是在辐射源和人员之间设置一种有效吸收射线的屏蔽材料，从而减弱或消除射线对人体的危害。

屏蔽防护的效果与辐射源的种类、辐射强度和使用方法等有关。屏蔽设计主要解决的技术问题是屏蔽材料的选择、厚度计算和屏蔽体结构等。

5.3.1 屏蔽防护工程相关材料选择

屏蔽防护工程的相关材料主要从材料屏蔽防护性能、造价及施工工艺等方面进行选择。

铅当量是衡量射线屏蔽防护工程材料屏蔽防护性能的一个重要指标，如：10 cm 混凝土(比重 2.4 g/cm)约为 1 mm 的铅当量，10 cm 含钡混凝土(比重 2.7 g/cm)约为 2 mm 的铅当量。屏蔽防护材料的厚度一般根据屏蔽防护当量来确定。

常用的射线屏蔽防护材料有混凝土、铅板、硫酸钡水泥、防辐射涂料等。直线加速器、伽马刀（头刀、体刀)、赛博刀、后装机等产生高能射线房间一般采用重晶石混凝土进行屏蔽防护。超过 10 MeV 的加速器，还要设置中子辐射屏蔽防护层，一般采用聚乙烯、硼砂和石蜡等材料。其他一些如 DR、CT 等低能射线房间一般采用混凝土、铅板、硫酸钡水泥砂浆、防辐射涂料等材料进行屏蔽防护。

5.3.2 屏蔽防护工程区域及对象

屏蔽防护工程区域及对象可参照表 5-2。

表 5-2 屏蔽防护工程

<table>
<tr><th>序号</th><th>科室</th><th>防护区域</th><th>防护目标</th><th>防护对象</th><th>防护类型</th></tr>
<tr><td>1</td><td>风湿免疫中心</td><td>骨密度仪</td><td rowspan="7">X 射线</td><td rowspan="8">设备</td><td rowspan="5">射线防护</td></tr>
<tr><td>2</td><td>口腔科</td><td>CBCT、牙片机、全景机</td></tr>
<tr><td>3</td><td>内镜中心</td><td>ERCP</td></tr>
<tr><td>4</td><td>泌尿外科</td><td>碎石机</td></tr>
<tr><td rowspan="4">5</td><td rowspan="4">影像中心</td><td>CT、DR</td></tr>
<tr><td>DSA</td><td>—</td></tr>
<tr><td>数字胃肠机</td><td>—</td></tr>
<tr><td>MRI</td><td>射频、磁场</td><td>电磁屏蔽</td></tr>
<tr><td rowspan="3">6</td><td rowspan="3">放疗科</td><td>直线加速器</td><td>高能 X 射线/电子束</td><td rowspan="3">设备</td><td rowspan="3">射线防护</td></tr>
<tr><td>后装机</td><td>—</td></tr>
<tr><td>TOMO</td><td>—</td></tr>
</table>

（续表）

序号	科室	防护区域	防护目标	防护对象	防护类型
6	放疗科	赛博刀	高能 X 射线/电子束	设备	射线防护
		伽马刀（头刀、体刀）	γ 射线（钴－60）		
		定位 CT	X 射线		
		热疗机	射频	外环境	电磁屏蔽
7	核医学	PET-CT	γ 射线（F－18）、X 射线	核素、患者和设备	射线防护
		SPECT			
		ECT			
		PET-MRI			
		注射室、恢复等候室辅房			
		回旋加速器	—	—	
		衰变池	核素	放射性污废水	
		核医学病房及辅房	γ 射线（碘－131）	核素、患者和设备	
		骨密度仪	X 射线	设备	
8	体检中心	DR、骨密度仪、乳腺机、牙片机			
9	手术室	术中 MRI、CT	射频、磁场	外界环境	电磁屏蔽
10	耳鼻喉科	测听室	—	—	—
11	质子中心	质子治疗机	—	—	—

5.4　医用纯水

（1）种类：超纯水、蒸馏水、去离子水等。

（2）区域：血透室、口腔科、检验中心、供应室、手术室、DSA 室等。

（3）系统组成：预处理系统、反渗透系统、控制系统、后处理系统等。

（4）医用纯水应事先规划好需净水的科室和点位，结合实际需求决定是否采用直饮水系统，并结合系统进行集中或分散管理。

5.5 洗衣房

现在越来越多的医院选择不设置洗衣房，将衣物、被服集中收集后由专业的第三方被服清洗公司进行处理。

5.6 实验室

设计时不能对实验室、检验科、病理科仅留出大房间，而忽视科室内部的三级流程设计。通风柜、生物安全柜及其他仪器设备的布置位置会对建筑空间有较大影响，且水、强弱电、空调等点位设置也需要深化的实验室专项设计，可在装饰设计阶段同步委托实验室的专项设计，并同步进行水、强弱电、空调等安装专业的二次完善调整。

5.7 直升机停机坪

医用停机坪是一个完整的医疗救护体系的组成部分。近年来，随着城市规模的扩大、城市道路交通压力的增加，以直升机为工具的空中救援是城市发展的必然趋势。随着中国低空开放以及医疗急救机型的普及，未来直升机停机坪将成为医院建设的标准配置。

5.7.1 医用停机坪选址位置的设计要求

医用停机坪常见分类包括楼顶高架停机坪和地面停机坪，如图 5-1 和图 5-2 所示。

图 5-1 楼顶高架停机坪

图 5-2 地面停机坪

对于设计位置，要结合医院的功能布局和急救流程来确定医用停机坪的建设选址。

对于新建医院或者扩建医疗大楼，建议选择楼顶高架停机坪。其优点有：①净空环境相对地面要好，直升机在楼顶起降相对便利；②减少了与地面交通和人流的冲突，可以确保独立、安全运行；③便于管理，避免设施损毁。

对于面积较大、有条件在地面改扩建停机坪的医院，要选择便于直升机起降、可随时封闭运行、能快速到达急救室的位置设置停机坪。

5.7.2 对起降机型和助航设施的设计要求

绝大部分小型直升机是不具备救援功能的，因此，无论是从安全性、可靠性，或是城市上空飞行的特殊要求来看，医用停机坪设计应考虑主流医疗救援直升机最大机型的起降，最大限度发挥停机坪的使用效率。设计阶段应考虑满足主流双发医疗直升机全载起降，其指标一是承载力，二是场地尺寸。要根据主流最大机型的数据进行核算和设计。

根据助航设施的要求，对于新建于楼顶的高架停机坪一般要求有一个完整的停机坪组成系统，包含机坪支撑系统、机坪甲板系统、机坪助航照明系统、机坪气象系统、机坪消防系统、机坪安全疏散系统和机坪标识系统。而通过改扩建的地面停机坪一般因平时还做其他用途或夜间使用机会不大，设计标准就比较低，基本上就是一块平地加一个圆形标识，不设助航照明系统等。

5.8 膳食供应

膳食中心包括职工食堂和营养食堂。

厨房设计是最容易被忽视的专项设计，一般建筑设计院会结合工艺流程要求进行施工图设计。为避免建筑设计院对厨房工艺缺乏专业性而导致后期的返工，可委托厨房设备厂家进行厨房设计，并报卫生防疫部门审批通过后，再由建筑设计院进行平面图和水电配套设计。

5.9 医疗污物

医疗污物即医疗废物，是指医疗卫生机构在医疗、预防、保健及相关活动中产生的具有直接或间接感染性、毒性及其他危害性的废物。根据《医疗废物分类目录》,主要分为感染性废物、损伤性废物、病理性废物、药物性废物和化学性废物五大类。

因医疗废物中可能含有大量病原微生物和有害化学物质,甚至可能含有放射性及损伤性物质,是引起疾病传播和相关公共卫生问题的危险因素之一,所以要按照有关规定进行管理和处置。应结合医院实际规划好医疗废物收集区域,设置专门运输流线,进行污物处理相关设计。

5.10 医用污水处理

医院污水来源及成分复杂,含有病原性微生物、有毒有害的物理化学污染物和放射性污染等,具有空间污染、急性传染和潜伏性传染等特征,不经有效处理会成为一条疫病扩散的重要途径,严重污染环境。

深圳是严重缺水城市,雨源型河流数量众多。城镇污水排放和缺乏生态用水是造成深圳市水环境质量没有得到根本改善的主要原因。目前,深圳市主要污水处理厂出水执行《城镇污水处理厂污染物排放标准》(GB 18918—2002)中的一级 A 标准,与国际先进国家、城市污水处理厂出水相比,已属于较高标准,化学需氧量、氮、磷指标出水标准均严于国际要求。深圳市医院污水处理标准一般要求达到《医疗机构水污染物排放标准》(GB 18466—2005)的预处理排放标准后再排入市政污水管网。

5.10.1 医院污水的特点

与一般生活污水相似,医院污水主要有以下特点:

(1) 来源复杂。污水主要来源于医院的不同部门(科室),包括诊疗室、化验室、病房、洗衣房、手术室等。

(2) 氨氮含量高。一般医院除接诊治疗患者外,还同时接纳比患者数量多出几倍的患者亲友,这些群体在医院使用最多的设施就是厕所,医院污水比生活污水有更高的氨氮含量,因此,处理设施必须具备去除氨氮的功能。

(3) 污染物种类较多。医院污水的最主要污染物是粪大肠菌群、传染性细菌和病毒等病原性微生物,其次是 BOD、COD、SS、油类等有毒有害的物理化学污染物。

(4) 医院污水具有空间污染、急性传染和潜伏性传染等特征。

(5) 医院污染物虽然成分复杂，但浓度较低，易于处理。

5.10.2　处理工艺分析

医院污水的处理一方面要考虑污水中细菌、病毒的种类和数量，另一方面还要考虑污水的理化指标和毒理指标，应重点考虑污水的排向和受纳水体对水质的要求。《医疗机构水污染物排放标准》(GB 18466—2005)明确规定医院污水必须经过二级处理后再进行消毒。这样，不仅可以减少消毒剂耗量、提高消毒效果，还可以利于污水中各项污染因子排放达标。

医院污水水质类似于生活污水，但其含有大量的致病菌，可生化性强，因此，医院污水常用生化法作为二级处理工艺。应用于医院污水处理的工艺技术已相当成熟，近年来主要以活性污泥法、生物接触氧化法、膜生物反应器和曝气生物滤池为多，各工艺优缺点对比见表 5-3。

表 5-3　各工艺优缺点对比

工艺类型	优点	缺点	使用范围	基建投资
活性污泥法	对不同性质的污水适应性强	运行稳定性差，易发生污泥膨胀和污泥流失，分离效果不够理想	800 床以上的水量较大的医院污水处理工程	较低
生物接触氧化法	抗冲击负荷能力强，运行稳定；容积负荷高，占地面积小；污泥产生量较低；无须污泥回流，运行管理简单	部分脱落生物膜造成水中的悬浮固体浓度稍高	中大规模医院污水处理工程。适用于水质波动较大和微生物不易培养等情况	中
膜生物反应器	抗冲击负荷能力强，出水水质优质稳定，有效去除 SS 和病原体；占地面积小，剩余污泥产量低	气水比高，膜需进行反洗，能耗及运行费用高	300 床以下小规模医院污水处理工程；适用于医院面积小、水质要求高等情况	高
曝气生物滤池	出水水质好；运行可靠性高，抗冲击负荷能力强；无污泥膨胀问题；容积负荷高且省去二沉池和污泥回流，占地面积小	需反冲洗，运行方式比较复杂；反冲水量较大	300 床以下小规模医院污水处理工程	较高

（续表）

工艺类型	优点	缺点	使用范围	基建投资
简易生化处理	造价低，动力消耗低，管理简单	出水 COD、BOD 等理化指标不能保证达标	适用边远山区、经济欠发达地区医院污水处理的过渡措施	低

5.10.3 医院污水消毒设备

常用的医院污水消毒设备主要有化学法二氧化氯发生器、电解法二氧化氯发生器、臭氧发生器、次氯酸钠发生器和成品次氯酸钠溶液等。不同消毒设备性能对比见表 5-4。根据医院项目的不同需求，可以选择相应的消毒设备。

表 5-4　消毒设备性能对比

方法	工艺特征	优点	缺点
化学法二氧化氯发生器	以化学负压曝气法二氧化氯发生器为主，是以滴定阀或计量泵的投加方式，将氯酸钠和盐酸、氯酸钠和硫酸、亚氯酸钠和盐酸等化工原料注入到加热和不加热的反应器中，并同时利用自来水的压力，使水射器工作中形成负压，吸入二氧化氯气体，并促使二氧化氯气体与自来水混合成消毒液投入到被消毒的水中	1. 不用电解产生二氧化氯。 2. 消毒效果好。 3. 投资少，占地少，噪声小	1. 消耗大量的自来水，是变相的污水中加自来水，是一种非节能减排产品。 2. 产生二氧化氯所用的盐酸或硫酸要到公安机关特批，使用很不方便。 3. 消毒药品外购，运行费用高，使用寿命短。 4. 需要两种药剂如氯酸钠和盐酸，才能产一种消毒二氧化氯
电解法二氧化氯发生器	电解法二氧化氯发生器出现在医院污水消毒，有待总结经验的地方尚多，但是它的高效灭菌特点，特别是消毒后达到氧化产物中不含致癌性质的氯化有机物大受人们青睐。尤其大受饮用水消毒市场的欢迎，已显示出强大的生命力。二氧化氯发生器是在总结次氯酸钠发生器的基础上改进而成的次氯酸钠发生器是无隔膜电解低浓度食盐水，二氧化氯发生器是采用隔膜法电解饱	1. 消毒效果好。 2. 占地少，噪声小。 3. 用食盐做原料，不需要到公安机关办理特批手续，因此使用方便。 4. 是世界公认的理想消毒剂	1. 使用寿命短，运行费用高，设备维修量大。 2. 冷却水要用自来水，因此消耗自来水，属不节水设备

（续表）

方法	工艺特征	优点	缺点
电解法二氧化氯发生器	和食盐水，且阳极材质殊异，其产生的消毒剂属混合的二氧化氯，双氧水，氯气和臭氧等复合强氧化剂。杀菌能力较次氯酸钠高 5 倍以上，所以使用二氧化氯发生器处理医院污水可以大大缩小配套土建的面积，节约投资，这是其他消毒装置所不能比拟的。二氧化氯发生器用更少的电，消耗更少的食盐，能产生更多更强的消毒剂，它无疑是次氯酸钠最佳的替代品。但值得一提的是，该发生器也仅仅是在现场生产消毒剂，该混合气体消毒剂需有另一套装置将其配制成消毒液并混合均匀再投放到污水中。如果配套土建中有适当落差，则用“自动同步双虹吸”装置与之配套为最佳选择，否则仍将用水泵投放		
臭氧发生器	臭氧（O_3）是世界上公认的最理想的广谱强氧化消毒剂，杀菌能力比二氧化氯等氯系消毒剂强 600～3 000 倍，少量的臭氧，就能杀灭污水中的病菌和病毒。采用臭氧处理污水，不产生永久性残留，还可有效降解各种有机毒物、除色、除味、除臭，改善水质而不造成二次污染，其优点是显而易见的，是目前最理想的消毒剂、脱色剂、净化剂	可有效降解各种有机毒物、除色、除味、除臭，改善水质而不造成二次污染	投资大，运行费用高，噪声污染大，臭氧气体容易泄漏，操作管理复杂，维修困难
次氯酸钠发生器	采用金属阳极电解低浓度食盐溶液即制得次氯酸钠消毒液，将此消毒液以不同的形式投放到被消毒的污水中并使之均匀混合并接触一段额定的时间，污水中的各种病菌便被消灭。20 世纪 80 年代中期，次氯酸钠发生器在医院污水消毒这一领域曾独领风骚，风靡一时。以其就地制取消毒剂，安全可靠之长，深受边远山区、消毒剂采购不便医院的青睐。次氯酸钠发生器应用精制盐，给水应用软水，这样可避免钙镁离子沉积在电极上影响产氯效果。电极一般采用钛铱和钛铂合金，其寿命可达万小时以上。材质为石墨的电极使用年限最短，一般在千小时左右，已在淘汰之列。次氯酸钠发生器在运转过程中会有少量氢氯混合体逸出而污染空气及工作环境，这是使用次氯酸钠发生器至今仍	以食盐为原料，不需要到公安机关办理特批手续，因此使用方便	1. 使用寿命短，运行费用高，设备维修量大。 2. 冷却水要用自来水，因此消耗自来水，属不节水设备。 3. 次氯酸钠发生器在运转过程中会有少量氢氯混合体逸出而污染空气及工作环境

（续表）

方法	工艺特征	优点	缺点
次氯酸钠发生器	不尽人意的地方。简单的预防措施是在生产现场用防腐的风机将其排出室外在大气中稀释		
成品次氯酸钠溶液	有效氯10%的成品次氯酸钠溶液，使用大容量PE加药桶存储，由余氯检测仪控制污水余氯含量来驱动投药计量泵来进行精准投加。简单的预防措施是在生产现场用防腐的风机将其排出室外在大气中稀释	厂家送货上门，不需要公安审批	1. 投资小，占地面积适中。 2. 操作简单，维护保养方便。 3. 不耗水、微耗电

5.10.4 深圳某医院项目污水处理站案例

深圳某医院项目新建一污水处理站，为全埋式地下两层结构，建筑面积1 000 m^2。其污水处理站工程设计原水主要为病区废水和非病区废水，病区废水主要包括检验废水和病区生活污水，非病区废水主要包括生活污水和厨房废水。其中检验废水在医疗科室内进行酸碱中和预处理，生活污水经化粪池、厨房废水经隔油池预处理后与其他废水一起汇集到废水处理站进行集中处理。废水中主要含有机污染物、悬浮物以及一些特殊的污染物，如药物、消毒剂、诊断用剂、洗涤剂，另还含有大量病原性微生物、寄生虫卵及各种病毒等。因此，本案例工程采用格栅拦截＋水解酸化＋好氧＋混凝沉淀＋消毒工艺，具体如下。

（1）污水处理工艺：格栅→集水池→调节池→水解酸化池→接触氧化池→混凝池→絮凝池→斜管沉淀池→中间水池→消毒池→出水槽。

（2）污泥处理工艺：沉淀池及酸化池剩余污泥→污泥池→外运处置。

（3）臭气处理工艺：密闭式收集管道→引风机→高效除臭装置→达标高空排放。

（4）消毒处理方式：采用二氧化氯消毒，有效氯投加量50 mg/L，接触时间1 h。

（5）噪声处理方式：水泵选用低速的离心泵或潜水泵，同时将噪声大的设备安置在降噪处理后的机房。

其设计原水水质要求：COD_{cr}≤350 mg/L；BOD_5≤200 mg/L；氨氮≤20 mg/L；SS≤100 mg/L；粪大肠菌群数≤3×10^8 MPN/L。

设计处理能力：设计水量3 000 m^3/d，每天运行24 h。处理后的废水应达到《医疗机构水污染物排放标准》（GB 18466—2005）预处理排放标准。其中，主要污染物应达到如下要求：COD_{cr}≤250 mg/L；BOD_5≤100 mg/L；氨氮≤60 mg/L；SS≤100 mg/L；粪大肠菌群数≤5 000 MPN/L。

以上案例可作为综合医院项目污水处理设计参考，具体需要根据医院实际情况进行设计。

第6章　大型医疗设备设计要求

随着我国医疗事业的不断发展，越来越多的医院开始配置大型医疗设备，如医用X射线设备、磁共振成像设备、放疗设备、核医学设备等，这些设备的使用使医学诊疗技术有了质的飞跃。但是同时，这些设备对医院建筑有特殊要求。如果管理不当或者失控，可能会造成环境污染，危害工作人员和患者的健康，甚至危及生命安全。国家对这类医疗设备的使用也有严格的管理规范，如《放射性同位素与射线装置安全和防护条例》（国务院令第449号）、《放射性同位素与射线装置安全许可管理办法》（国家环境保护总局令第31号）、《医用X射线诊断受检者放射卫生防护标准》（GB 16348）、《综合医院建筑设计规范》（GB 51039）等。因此，建筑师在设计医院的时候需要对这些设备原理有所了解，根据设备的特点进行建筑设计，能避免很多不必要的设计缺陷和重复施工。本章将重点介绍医用X射线设备、磁共振成像设备、放疗设备、核医学设备、质子设备和口腔设备。

6.1　医用X射线设备

自1895年德国物理学家伦琴发现了X射线，并用X射线为其夫人拍摄出了世界上第一张X射线照片后，X射线在多个领域，特别是临床诊断中发挥着越来越重要的作用。

X射线的产生是高速电子和阳极靶物质的原子相互作用中能量转换的结果。X射线本质上一种电磁波，具有波动和微粒的二重性。X射线的特性包括物理效应（穿透、荧光、电离等）、化学效应（感光、着色等）和生物效应（电离辐射等）。电离辐射能产生多种生物类型的生物效应，如辐射致癌反应、辐射遗传效应、组织反应等，因此做好辐射防护工作是配置医用X射线设备的重点。

6.1.1 CT

1. 面积要求(表 6-1)

表 6-1　CT 设备房间面积要求

机房最小有效使用面积(m^2)	机房内最小单边长度(m)
30(建议 50)	4.5(建议 6)

2. 防护要求(表 6-2)

表 6-2　CT 设备房间防护要求

材料	厚度(mm)	相当于铅当量(mmPb)
黏土实心砖	120	1
钢筋混凝土	80	1
辐射防护涂料	10	1
铅板	1	1

(1) 墙体防护要求见表 6-3。

表 6-3　CT 设备墙体防护要求

设备名称	防护铅当量(mmPb)	主防护
CT	3.5	+

注:主防护指近控制室侧墙体,防护铅当量宜略大于上述铅当量要求。

(2) 观察窗及防护门防护要求见表 6-4。

表 6-4　CT 设备房间观察窗及防护门防护要求

序号	机房	类型	门洞尺寸	开门方式	铅当量要求	开关盒位置
1	CT	机房大门	1 400 mm×2 100 mm	电动移门	3.5 mmPb	机房内手开、控制室内手开;门旁 1 350 mm 高
		门禁示灯	门禁示灯均与门开关、X 射线出线连锁,门闭合灯亮			
2		控制室门	800 mm×2 000 mm	电动开门	3.5 mmPb	控制室内手开、机房内手开;门旁 1 350 mm 高(双控)
		门禁示灯	门禁示灯均与门开关、X 射线出线连锁,门闭合灯亮			

（续表）

序号	机房	类型	门洞尺寸	开门方式	铅当量要求	开关盒位置
3	CT	观察窗	窗洞净尺寸	铅玻璃尺寸	铅当量要求	
			1 600 mm×1 000 mm	1 500 mm×900 mm	3.5 mmPb	

3. 其他要求

(1) 机房至控制室的电缆沟及预留穿墙孔，具体要求如下：

① 电缆沟深 250 mm，宽 200 mm，距侧墙 150 mm，至观察窗正下方中心。

② 电缆沟穿墙孔，距侧墙 150 mm，孔径 200 mm，下口与电缆沟底面平行。

③ 电缆沟及穿墙孔设置于机房角落处。

(2) 机房墙体模板拆除后留下的穿墙孔须在两侧采用防护涂料(3 cm 以上)填充，其他类似孔洞一样处理。

6.1.2 DR

1. 面积要求(表 6-5)

表 6-5　DR 设备房间面积要求

	机房最小有效使用面积(m^2)	机房内最小单边长度(m)
双球管	30(建议 40)	4.5
单球管	20(建议 25)	3.5

注：双球管或多球管需安装在同一间机房内。

2. 防护要求(表 6-6)

表 6-6　DR 设备房间防护要求

材料	厚度(mm)	相当于铅当量(mmPb)
黏土实心砖	120	1
混凝土(C25)	80	1
辐射防护涂料	10	1

（1）墙体防护参照表 6-7。

表 6-7　DR 设备房间墙体防护要求

设备名称	防护铅当量(mmPb)	主防护
DR	3.0	+

注：主防护指近控制室侧墙体，防护铅当量宜略大于上述铅当量要求。

（2）观察窗及防护门防护要求参照表 6-8。

表 6-8　DR 设备房间观察窗及防护门防护要求

<table>
<tr><th>序号</th><th>机房</th><th>类型</th><th>门洞尺寸</th><th>开门方式</th><th>铅当量要求</th><th>开关盒位置</th></tr>
<tr><td rowspan="2">1</td><td rowspan="6">DR</td><td>机房大门</td><td>1 400 mm×
2 100 mm</td><td>电动移门</td><td>3.0 mmPb</td><td>机房内手开、控制室内手开；门旁 1 350 mm 高</td></tr>
<tr><td>门禁示灯</td><td colspan="4">门禁示灯均与门开关、X 射线出线连锁，门闭合灯亮</td></tr>
<tr><td rowspan="2">2</td><td>控制室门</td><td>800 mm×
2 000 mm</td><td>电动开门</td><td>3.0 mmPb</td><td>控制室内手开、机房内手开；门旁 1 350 mm 高(双控)</td></tr>
<tr><td>门禁示灯</td><td colspan="4">门禁示灯均与门开关、X 射线出线连锁，门闭合灯亮</td></tr>
<tr><td rowspan="2">3</td><td rowspan="2">观察窗</td><td>窗洞净尺寸</td><td>铅玻璃尺寸</td><td colspan="2">铅当量要求</td></tr>
<tr><td>1 300 mm×
900 mm</td><td>1 200 mm×
800 mm</td><td colspan="2">3.0 mmPb</td></tr>
</table>

3. 其他要求

（1）机房至控制室的电缆沟及预留穿墙孔，具体要求如下：

① 电缆沟深 200 mm，宽 200 mm，距侧墙 150 mm，至观察窗正下方中心。

② 电缆沟穿墙孔，距侧墙 150 mm，孔径 150 mm，下口与电缆沟底面平行。

③ 电缆沟及穿墙孔设置于机房角落处。

（2）机房墙体模板拆除后留下的穿墙孔须在两侧采用防护涂料（3 cm 以上）填充，其他类似孔洞一样处理。

6.1.3 DSA

1. 面积要求(表 6-9)

表 6-9 DSA 设备房间面积要求

机房最小有效使用面积(m^2)	机房内最小单边长度(m)
40	6.0

2. 防护要求(表 6-10)

表 6-10 DSA 设备房间防护要求

材料	厚度(mm)	相当于铅当量(mmPb)
黏土实心砖	120	1
混凝土(C25)	80	1
辐射防护涂料	10	1

(1) 墙体防护要求参照表 6-11。

表 6-11 DSA 设备墙体防护要求

设备名称	防护铅当量(mmPb)	主防护
DSA	3.0	+

注:主防护指近控制室侧墙体,防护铅当量宜略大于上述铅当量要求。

(2) 观察窗及防护门防护要求参照表 6-12。

表 6-12 DSA 设备房间观察窗及防护门防护要求

<table>
<tr><th>序号</th><th>机房</th><th>类型</th><th>门洞尺寸</th><th>开门方式</th><th>铅当量要求</th><th>开关盒位置</th></tr>
<tr><td rowspan="2">1</td><td rowspan="4">DSA</td><td>机房大门</td><td>1 500 mm×
2 100 mm</td><td>电动移门</td><td>3.0 mmPb</td><td>机房门内手开;门旁 1 350 mm 高</td></tr>
<tr><td>门禁示灯</td><td colspan="5">门禁示灯均与门开关、X 射线出线连锁,门闭合灯亮</td></tr>
<tr><td rowspan="2">2</td><td rowspan="2">控制室门</td><td rowspan="2">800 mm×
2 000 mm</td><td>电动移门</td><td rowspan="2">3.0 mmPb</td><td>机房内脚开,门旁 350 mm 高;控制室内手开,门旁 1 350 mm 高;控制室内脚开,门旁 350 mm 高</td></tr>
<tr><td>手动开门</td><td>不需要</td></tr>
</table>

（续表）

序号	机房	类型	门洞尺寸	开门方式	铅当量要求	开关盒位置
2	DSA	门禁示灯	门禁示灯均与门开关、X射线出线连锁,门闭合灯亮			
3		观察窗	窗洞净尺寸	铅玻璃尺寸	铅当量要求	
			1 600 mm×1 000 mm	1 500 mm×900 mm	3.0 mmPb	

3. 其他要求

(1) 机房至控制室的电缆沟及预留穿墙孔,具体要求如下:

① 电缆沟深 250 mm,宽 200 mm,距侧墙 150 mm,至观察窗正下方中心。

② 电缆沟穿墙孔,距侧墙 150 mm,孔径 200 mm,下口与电缆沟底面平行。

③ 电缆沟及穿墙孔设置于机房角落处。

(2) 机房墙体模板拆除后留下的穿墙孔须在两侧采用防护涂料(3 cm 以上)填充,其他类似孔洞一样处理。

6.1.4　钼靶/骨密度

1. 面积要求(表 6-13)

表 6-13　钼靶/骨密度设备房间面积要求

机房最小有效使用面积(m^2)	机房内最小单边长度(m)
20	3.5

2. 防护要求(表 6-14)

表 6-14　钼靶/骨密度设备房间防护要求

材料	厚度(mm)	相当于铅当量(mmPb)
黏土实心砖	120	1
混凝土(C25)	80	1
辐射防护涂料	10	1

（1）墙体防护参照表 6-15。

表 6-15　钼靶/骨密度设备房间墙体防护要求

设备名称	防护铅当量(mmPb)	主防护
钼靶/骨密度	2	+

注：主防护指近控制室侧墙体，防护铅当量宜略大于上述铅当量要求。

（2）观察窗及防护门防护要求详见表 6-16。

表 6-16　钼靶/骨密度设备房观察窗及防护门防护要求

<table>
<tr><th>序号</th><th>机房</th><th>类型</th><th>门洞尺寸</th><th>开门方式</th><th>铅当量要求</th><th>开关盒位置</th></tr>
<tr><td rowspan="2">1</td><td rowspan="6">钼靶/骨密度</td><td>机房大门</td><td>1 400 mm×2 100 mm</td><td>电动移门</td><td>2.0 mmPb</td><td>机房内手开；控制室内手开，门旁 1 350 mm 高</td></tr>
<tr><td>门禁示灯</td><td colspan="4">门禁示灯均与门开关、X 射线出线连锁，门闭合灯亮</td></tr>
<tr><td rowspan="2">2</td><td>控制室门</td><td>800 mm×2 000 mm</td><td>电动开门</td><td>2.0 mmPb</td><td>控制室内手开、机房内手开；门旁 1 350 mm 高(双控)</td></tr>
<tr><td>门禁示灯</td><td colspan="4">门禁示灯均与门开关、X 射线出线连锁，门闭合灯亮</td></tr>
<tr><td rowspan="2">3</td><td rowspan="2">观察窗</td><td>窗洞净尺寸</td><td>铅玻璃尺寸</td><td colspan="2">铅当量要求</td></tr>
<tr><td>1 300 mm×900 mm</td><td>1 200 mm×800 mm</td><td colspan="2">2.0 mmPb</td></tr>
</table>

3. 其他要求

（1）机房至控制室的电缆沟及预留穿墙孔，具体要求如下：

① 电缆沟深 200 mm，宽 200 mm，距侧墙 150 mm，至观察窗正下方中心。

② 电缆沟穿墙孔，距侧墙 150 mm，孔径 150 mm，下口与电缆沟底面平行。

③ 电缆沟及穿墙孔设置于机房角落处。

（2）机房墙体模板拆除后留下的穿墙孔须在两侧采用防护涂料(3 cm 以上)填充，其他类似孔洞一样处理。

6.2　磁共振成像设备

MRI 是利用磁场与射频脉冲使人体组织内的氢核(即 H^+)发生震动产生射频信号，经计算机处理后成像。MRI 不会发出高能射线，也不会接收具有任何辐射剂量的核医学检查，因此没有辐射危害。

但 MRI 需要防止外界电磁场对设备正常的干扰，需要抑制 MRI 所产生的磁场泄漏，需要防止其泄漏的磁场影响外界设备的工作。因此，电磁屏蔽是 MRI 机房设计过程中需重点关注的问题。

1. 面积要求(表 6-17)

表 6-17　MRI 设备房间面积要求

磁场强度	尺寸要求
1.5 T	8.0 m
3.0 T	9.0 m

2. 屏蔽要求(表 6-18)

表 6-18　MRI 设备房间屏蔽要求

项目	屏蔽措施
各侧墙体(含顶板)	黄铜板 + 18 mm 高密度饰面板 + 墙体材料
观察窗	双层普通玻璃中间夹铜丝网
屏蔽门	18 mm 高密度装饰面板 + 密度装饰面板黄铜板 + 18 mm 高密度装饰面板； 操作人员出入门与受测者出入门为同一门，有气动和铍青铜弹簧片两种； 尺寸：根据需要
地板	黄铜板 + 16 mm 高密度板 + 地面材料
电缆通道	铝合金线缆槽

3. 其他要求

(1) 预留设备进出通道。

(2) 机房屏蔽需由专业单位负责施工；电缆、管道从上或下走根据不同设备要求。

(3) 设备间地面是否需要架空需根据不同设备厂家要求。

6.3　放疗设备

放疗设备是利用 X 射线、γ 射线等放射线的“电离辐射”属性对肿瘤进行治疗的装置，如直线加速器、定位 CT、后装机、热疗机、TOMO 等，这些设备在治疗过程中会释放不同能量的 X 射线、γ 射线。

因此，相关机房需要进行放射防护设计。如：防护放疗设备释放 X 射线、γ 射线一般采用铅板、铁板、混凝土等密度较高的材质做屏蔽体；防护中子辐射就应选用含碳、氢等元素的聚乙烯、石蜡等轻质材料，屏蔽的厚度按照剂量进行估算。

6.4 核医学设备

放射性核素能自发地产生衰变，使原来的核素数量减少并产生新核素，其衰变方式有α衰变、β衰变和γ衰变等多种，不同的衰变方式将产生不同的放射性。将一定量的放射性核元素引入人体，参与人体的新陈代谢，或者在特定的脏器或组织中产生特异性浓聚，同时不断地衰减而产生放射线。

核医学成像就是在人体外监测这些反映人体内反射性核素活度分布的放射线，并将测量结果以图像的形式显示出来。

6.4.1 PET-CT(核医学)

1. 面积要求(表 6-19)

表 6-19 PET-CT 设备房面积要求

机房最小有效使用面积(m^2)	机房内最小单边长度(m)
50	6.0

2. 防护要求(表 6-20)

表 6-20 PET-CT 设备房防护要求

材料	厚度(mm)	相当于铅当量(mmPb)
黏土实心砖	120	1
混凝土(C25)	80	1
辐射防护涂料	10	1

(1) 墙体防护要求参照表 6-21。

表 6-21 PET-CT 设备房墙体防护要求

工作场所名称	屏蔽体	防护铅当量	主防护
PET-CT 机房	四侧墙	5.5 mmPb	+
	顶棚	3.5 mmPb	

（续表）

工作场所名称	屏蔽体	防护铅当量	主防护
注射室(高活室)	四侧墙	4.5 mmPb	+
	顶棚	2.5 mmPb	
中部活性过道	四侧墙	3.0 mmPb	
注射后候诊室	四侧墙	3.5 mmPb	
	顶棚	2.5 mmPb	
普通候诊室	一般建筑要求		
空调机房	一般建筑要求		

注：主防护指近控制室侧墙体，防护铅当量宜略大于上述铅当量要求。+代表可以适当超出防护铅当量指标。

（2）观察窗及防护门防护要求参照表 6-22。

表 6-22　PET-CT 设备房观察窗及防护门防护要求

序号	机房	类型	门洞尺寸	开门方式	铅当量要求	开关盒位置
1	PET-CT	机房大门	1 400 mm×2 100 mm	电动移门	6.0 mmPb	机房内手开、控制室内手开；门旁 1350 mm 高
		门禁示灯	门禁示灯均与门开关、X 射线出线连锁，门闭合灯亮			
2		控制室门	800 mm×2 000 mm	电动开门	6.0 mmPb	控制室内手开、机房内手开；门旁 1 350 mm 高(双控)
		门禁示灯	门禁示灯均与门开关、X 射线出线连锁，门闭合灯亮			
3		观察窗	窗洞净尺寸	铅玻璃尺寸	铅当量要求	
			1 600 mm×1 000 mm	1 500×900	6.0 mmPb	
4	注射室(高活室)	防护门	铅当量要求(主防护)			
			5.0			
		注射窗	6.0 mmPb（+）			
5	注射后候诊室	防护门	4.0 mmPb			

3. 其他要求

（1）机房至控制室的电缆沟及预留穿墙孔，具体要求如下：

① 电缆沟深 250 mm，宽 200 mm，距侧墙 150 mm，至观察窗正下方中心。

② 电缆沟穿墙孔，距侧墙 150 mm，孔径 200 mm，下口与电缆沟底面平行。

③ 电缆沟及穿墙孔设置于机房角落处。

(2) 机房墙体模板拆除后留下的穿墙孔须在两侧采用防护涂料(3 cm 以上)填充，其他类似孔洞一样处理。

6.5 质子设备

质子是带有一个正电荷的粒子，是原子核的组成部分，当质子进入人体、到达癌细胞位置时，带正电的质子会吸引癌细胞原子中的电子。在生物辐射效应中，原子失去电子的过程就是"辐射游离"。由于发生游离的部位是癌细胞的双螺旋形(DNA)，当双螺旋形上有大量的基因被破坏到无法修复的程度，癌细胞就被杀死了。

在诸多的放射治疗类型中，不同粒子在人体内的不同能量衰减特性带来不同的治疗性能。X 射线、γ 射线与电子射线都会不同程度地使被照肿瘤的周围正常细胞受到伤害，剂量的有效利用率也低，不是理想的治疗射线。而质子在人体中的能量衰减呈现出先慢后快上升形成一个峰值后又急速下降到零的特点(通常称此为 Baagg 峰性能)，在质子治疗时只要将峰值部分对准肿瘤病灶处，肿瘤处就受到最大的照射剂量，而肿瘤前的正常组织细胞只受到 1/3 左右的峰值剂量，肿瘤后部的正常细胞基本上不受到任何伤害。

质子治疗系统是一套庞大、复杂而又极其精密的高科技设备，质子治疗设备的核心部件是回旋加速器(或同步加速器)，它在运行时使用的粒子束会产生电离辐射，在治疗患者的同时会影响甚至伤害设施周围的其他人。质子治疗设施辐射防护设计的主要目的是保证设计范围内的设备能够正当使用，限制辐射剂量，降低潜在的照射危险，优化防护措施。

6.6 口腔设备

1. 面积要求(表 6-23)

表 6-23 口腔设备房面积要求

设备名称	机房最小有效使用面积(m^2)	机房内最小单边长度(m)
全景机	5(建议 10)	2(建议 3)

（续表）

设备名称	机房最小有效使用面积(m^2)	机房内最小单边长度(m)
牙片机	3(建议 10)	1.5(建议 3)
CBCT	5(建议 10)	2(建议 3)

2. 防护要求(表 6-24)

表 6-24　口腔设备房防护要求

材料	厚度(mm)	相当于铅当量(mmPb)
黏土实心砖	120	1
混凝土(C25)	80	1
辐射防护涂料	10	1

(1) 墙体防护要求详见表 6-25。

表 6-25　口腔设备房墙体防护要求

设备名称	防护铅当量(mmPb)	主防护
牙片机	2.0	
CBCT/全景	2.0	

注:主防护指近控制室侧墙体,防护铅当量宜略大于上述铅当量要求。

(2) 观察窗及防护门防护详见表 6-26。

表 6-26　口腔设备房观察窗及防护门防护要求

<table>
<tr><th>序号</th><th>机房</th><th>类型</th><th>门洞尺寸</th><th>开门方式</th><th>铅当量要求</th><th>开关盒位置</th></tr>
<tr><td rowspan="3">1</td><td>CBCT/全景</td><td rowspan="2">控制室门</td><td>根据需要</td><td>手开门带观察窗</td><td>2.5 mmPb</td><td>不需要</td></tr>
<tr><td>牙片机</td><td>根据需要</td><td>手开门带观察窗</td><td>2.0 mmPb</td><td>不需要</td></tr>
<tr><td></td><td>门禁示灯</td><td colspan="5">门禁示灯均与门开关、X 射线出线连锁,门闭合灯亮</td></tr>
<tr><td rowspan="3">2</td><td></td><td rowspan="3">观察窗</td><td>窗洞净尺寸</td><td>铅玻璃尺寸</td><td>铅当量要求</td><td></td></tr>
<tr><td>CBCT/全景</td><td rowspan="2">根据需要</td><td rowspan="2">手开门带观察窗</td><td colspan="2">2.5 mmPb</td></tr>
<tr><td>牙片机</td><td colspan="2">2.0 mmPb</td></tr>
</table>

3. 其他要求

(1) 机房至控制室的电缆沟及预留穿墙孔,具体要求如下:

① 电缆沟深 200 mm,宽 200 mm,距侧墙 150 mm,至观察窗正下方中心。

② 电缆沟穿墙孔，距侧墙 150 mm，孔径 150 mm，下口与电缆沟底面平行。

③ 电缆沟及穿墙孔设置于机房角落处。

(2) 机房墙体模板拆除后留下的穿墙孔须在两侧采用防护涂料(3 cm 以上)填充，其他类似孔洞可同样处理。

第 7 章　医院智能化设计要求

深圳是一个科技创新、快速且高效发展的城市，深圳医院的建设对智能化的要求也随着城市的高速发展和人们日益增长的需求在不断提高。建筑智能化系统是一个不断丰富、发展的领域，可以把智能化技术的最新发明用于医疗的各个领域，使各个方面的应用和管理实现智能化。归纳而言，可分为三大应用领域：①直接面对医疗人员提供优质服务的智能化技术，如网络服务、环境智能等，目的是使医疗人员更高效、便捷和安全；②面对医疗管理者提供高质量管理手段的智能化技术，如后台计算机管理系统、办公自动化 OA 系统等，目的是使医疗技术高效、先进、科学；③面对医院运营成本提供高质量管理手段的智能化技术，如智能楼宇控制技术、智能后勤网络、智能人员管理、智能物耗管理等，目的是使医院物耗、能耗、人员成本等降到最低，创造效益。

由此可见，医院智能化系统的网络化服务、办公信息化管理和节能设计的建设是至关重要的三个方面。网络化服务的建设可以为医疗人员提供语音、视频等全方位、互动一体化服务，办公信息化使管理以及服务提高，节能可使运营成本降低。

7.1　医院智能化内容

根据现代医院的功能性和需求，基本型智能化系统工程主要应包括建筑设备系统、信息设备系统、公共安全系统、专业业务系统和机房工程。

7.1.1　建筑设备系统

建筑设备系统主要包括建筑设备监控系统及建筑能源管理系统。

7.1.2　信息设备系统

信息设备系统主要包括信息接入系统、综合布线系统、移动通信室内信号覆盖系统、用户电话交换系统、无线对讲系统、有线电视系统、公共广播系统、会议系统、信息网络系统、Wi-Fi 全覆盖系统、信息导引发布系统、时钟系统和手术示教系统。

7.1.3 公共安全系统

公共安全系统主要包括火灾自动报警系统、入侵报警系统、视频安防监控系统、出入口控制系统、电子巡查系统、停车场管理系统、智能卡应用系统、伤残厕所求助系统、护士站紧急报警系统和应急响应系统。

7.1.4 专业业务系统

专业业务系统主要包括医用监控系统、候诊呼叫信号系统、护理呼应信号系统和医用双向可视对讲系统。

7.1.5 机房工程

机房工程主要包括安防控制室、信息中心和弱电间。

上述系统须根据不同医院的建设规模和条件选取使用。而对于医院建设管理者而言，针对医院智能化设计，他们更关注的是医院智能化工程中的综合布线、弱电点位的设置、医院信息化的特殊要求、机房和电井设置以及计算机网络系统的设计要求等主要内容。

7.2 综合布线要求

(1) 综合布线及网络交换机系统建议分 5 套互相物理隔离的网络。

① 医疗业务网(内网)：与医疗设备有关的网络点接入此网络内。

② 带安全管理的外网。

③ Wi-Fi 网：该网络在一个 AP 设备上通过双 SSID 实现内外同时接入，内外网通过 VLAN 划分，内网 SSID 不广播。Wi-Fi 网单独汇聚，在机房核心层上和内外网打通。

④ 医院安保运行保障专网：与运行保障有关的系统如数字监控、楼宇自控、一卡通等均通过此网络传输。

⑤ 数字电视专网。

(2) 广播系统采用与消防结合的方式。

(3) 弱电主机房与本地备份机房分别设置在整个项目建筑的对角线上，最大可能降低在容灾情况下的同时受损概率；不应设置于一层及地下室，并且都同层。机房建议采用微模块化机房设计，确保机房上方无水管和配电间。主机房内部需要分隔到位，预留控制室、运营商接入间、维修间及备件仓库，机房及 UPS 间承重需满足 1 m^2/t 的荷载要求。

(4) 各外部运营商及数字电视设置要求须与当地运营单位沟通后确定方案。

7.3　弱电点位的设置要求

在大空间处如门厅、候诊等人流量大的区域设置高密度型无线 AP；病房内设置带 4 个 LAN 口的面板式 AP；其余区域设置普通放装式 AP。整体需满足无线网络全覆盖。无线 AP 采用 POE 交换机直接供电。

示教室内设置光纤点，并用大尺寸液晶触摸一体机代替传统投影机。病房内设备带上设置一个无线 AP(含 4 个 LAN 口)，同时医疗带网络面板按照每床 1 个设置。

门诊区域各科室需要预留一定数量的外网信息点，用于远程视频诊疗和会诊。

考虑医院的信息化安全管理，在公共区域不设置外网信息点。电话系统采用语言 IP 交换机，桌面电话为传统模拟电话机。

7.4　主要区域的弱电点位要求

主要区域的弱电点位要求可参考表 7-1 所列项目逐一落实。

表 7-1　主要区域的弱电点位要求

部位	内网	外网	电话	光纤点
住院大厅				
接待大厅				
服务台				
门诊护士站				
住院部护士站				
主任办公室				

（续表）

部位	内网	外网	电话	光纤点
医生办公室				
护士长办公室				
医生及护士值班室				
治疗室				
配药室				
医患谈话间				
B超、彩超、心电图诊室				
急诊、基础、临检检测区				
病理阅片室				
检验科发血、接收窗口				
远程会诊室				
示教室				
多功能会议室				
手术室				
住院区普通病房				
ICU				
行政办公室				
各科室库房				
地下室防化值班室				

7.5 医院信息化的特殊要求

通常来说，每个医院都有自己的特色，就像有的医院擅长治疗皮肤病，有的医院擅长治疗脑外科，有的医院是妇幼专科医院一样，各个医院的信息化设置方式也各有区别。以下内容医院可根据自身的投资情况合理选择。

(1) 医院信息机房 □冷通道封闭的微模块机房 □传统开放式机房

(2) 医院数据存储 □普通单点灾备 □双活存储

(3) 医院综合布线系统 □内外网物理隔离 □内外网逻辑隔离

(4) 医院综合布线线缆等级 □超五类 □六类 □超六类

(5) 医院线缆消防等级 □低烟 □无卤 □耐火 □阻燃

(6) 网络的汇聚方式 □机房内集中汇聚 □弱电井内汇聚

(7) 医院 Wi-Fi 覆盖 □全覆盖 □病区 □手术 □输液 □行政区等覆盖

(8) 医院电话 □大对数+110 配线架 □数字语音交换机

(9) 医院数字电视来源 □当地广电 □运营商 IPTV

(10) 医院排队叫号 □一次叫号 □二次叫号

(11) 医院病房呼叫 □全数字呼叫系统 □半数字呼叫系统

(12) 门诊单间诊室内的监控报警 □需要 □不需要

(13) 电梯刷卡控制 □医梯 □污梯 □所有电梯均不设

(14) 医院电子信息 UPS 设置 □集中供电 □分散供电

7.6 机房和电井设置要求

7.6.1 监控室

医院监控室和消控室可合用，应位于一层，其中可用于监控的面积不小于 60 m^2，要求开间宽度不小于 10 m，用于摆放大尺寸监控拼接电视墙。监控室附近应有卫生间，监控室应单独设置空调(建议采用普通柜机)。

7.6.2 主信息中心

医院主信息中心建议设置在行政楼，总建筑面积 10 万 m^2 的医院信息中心面积不小于 200 m^2。主机房旁边应设置配套用房，包括 UPS 电池室、维修间、信息科办公室等。应采用冷通道隔离的专业微模块机房，并配套行间空调及机房环境监测系统，供电应采用一体化专业配电柜，UPS 电池应单独放置在独立的电池室内，不与主机房共用一间。

7.6.3 副信息中心

医院副信息中心建议设置在医院整体建筑中远离主中心的位置。副信息中心面积不小于 150 m^2(设置双活存储的情况下)。应采用冷通道隔离的专业微模块机房，并配套行间空调及机房环境监测系统，供电应采用一体化专业配电柜，UPS电池应单独放置在独立的电池室内，不与副机房共用一间。

7.6.4 汇聚机房

根据医院的规模大小及网络汇聚模式，可按需设置汇聚机房。汇聚机房建议每幢楼设置1个，单个面积不小于40 m^2。建议采用单排微模块机房，考虑节约面积，可不单独设置UPS电池室。汇聚机房水暖专业配套需求同主信息中心。

7.6.5 运营商机房

运营商机房可根据当地运营商或铁塔公司的要求，设置在地下室靠外墙方便进线处；如机房必须设置在人防区域内，则需增加防爆波电缆井。此机房为供运营商进线及无线手机信号覆盖设备使用，故机房装修及机房内设备由各运营商或铁塔公司自理，无需业主介入。

以上各机房的正上方不应有水管存在（如厕所、淋浴间等），周围不应有变配电等磁场干扰或空调机房等震动因素。机房结构荷载不小于800 kg/m^2，设置电池的电池室结构荷载不小于1 000 kg/m^2。

7.6.6 弱电井

弱电井按照《综合布线工程设计规范》(GB 50311—2016)的要求设置。医院项目弱电井内设备众多，且考虑未来信息化发展及长期运行维护使用方便，要求门诊医技楼和病房楼的弱电井净面积不小于5 m^2，开间宽度不小于1 600 mm，弱电井开门不小于900 mm。

7.7 计算机网络系统的要求

近些年来，无论是新建的医院还是扩建的医院，都把数字化医院建设作为实现医院总体目标的重要举措和提升医院品质的重要支撑。在现阶段，可以说没有数字化的医院运营、医疗和管理平台，就不能够实现医院的总体建设目标。数字化医院包括三个方面的建设任务：医院智能化（弱电）工程、信息化基础工程（计算机网络）和信息化应用。医院信息化网络划分成内网与外网两大块，采用 2 套网络进行数据传输。网络建成后主要为承载医院 HIS、PACS 等业务系统和办公系统，同时也是为医护人员、患者提供互联网服务的网络。总体需求如下。

7.7.1 内外网物理隔离

根据卫生部规范要求，医院项目网络系统采用内外网物理隔离的方式设计。

7.7.2 网络采用三层架构

内外网采用三层构架（核心层、汇聚层及接入层）。三层架构不仅易于管理和控制，还可以通过网关及策略部署汇聚层减轻核心层压力，同时层架构更易于扩展。

7.7.3 带宽设计为骨干万兆、千兆接入

带宽设计考虑现有的业务系统和用户访问量、同时也考虑未来 3～5 年的发展需要，实现万兆主干（汇聚层到核心层之间），接入实现 100/1 000 M 自适应。

7.7.4 链路和关键节点设备进行冗余设计

（1）针对关键的链路设置一条专有的链路以实现备份功能，保证关键业务的不间断连接。

（2）核心层到汇聚层及服务器区之间均采用冗余线路设计。同时，网络的稳定结构同样也需要网络设备自身的稳定性和自身的冗余特性来保证，例如实现网络设备电源的冗余、网络控制板的冗余、业务板件热拔插等。这样，可以让设备出现问题的时候不至于造成网络设备的瘫痪，可以通过在线更换背板、更换电源以及更换主控网板等方式来实现业务的不中断运行。同时，可以通过网络主控板件和业务板件的业务热切换功能实现网络设备不停机。

（3）核心层及汇聚层冗余设备之间的切换要控制在毫秒级，以保障医院业务的不间断运行。

7.7.5 按功能区域进行安全防护和隔离，分担核心压力

（1）按各功能区域进行区域化安全保护，在各汇聚层部署防火墙设备，实现在汇聚层进行安全策略控制和对各汇聚区域进行保护。在网络发生安全问题（如受到攻击或中病毒）时，可有效将事故控制在一定汇聚区域内，以避免对网络核心或其他功能区域造成影响。

（2）内网服务器区（数据中心）部署防火墙及IPS（入侵防御系统）设备，保护服务器区，实现2～7层安全防护。

（3）各区域安全设备采用安全插卡式部署模式，可以有效实现数据快速转发，简化网络层级、减少故障点，通过与交换机设备的融合实现统一的管理和维护。另在网络出口处部署高性能防火墙设备，保障网络出口安全及替代路由器功能。

7.7.6 简化网络管理复杂度，提高管理效率

（1）在保证网络冗余性的同时，核心层及汇聚层等冗余部署交换设备区域采用虚拟化技术。采用虚拟化技术主要出于以下方面考虑：

① 简化网络拓扑，简化网络配置管理。

② 增大网络带宽，将处于同一层次的交换机进行虚拟化，并采用跨设备链路聚合技术，增加上行链路带宽。

③ 冗余设备发生故障时毫秒级切换。网络虚拟化技术可实现毫秒级的快速切换，比传统冗余备份方式（如VRRP热备）快了几十倍，可保障医院业务不间断运行。

（2）部署专业网络管理软件系统对全网的有线和无线网络设备进行统一的图形化管理及故障预警。通过网络流量分析系统，可对各种网络应用占用的网络带宽及每个用户占用的网络流量情况进行分析。

7.7.7 接入用户需要实现身份认证和网络访问权限控制

在医院的业务系统中保存着大量患者的健康信息和过程费用信息，这些数据无论对患者还是医院都非常关键，需要严格保密。如何保护这些数据，对医院有着重大的意义。通过对接入网络的用户进行身份认证控制和对网络资源访问的权限控制，以及通过对终端电

脑的外设接口(重点为USB接口)的监控或封闭,来保证合法人员才能接入网络以及访问授权的网络资源,防止数据通过U盘等介质泄露出去。

7.8 医院智能化未来趋势

当前电子信息应用广泛,智能化发展迅速,尤其是在医疗领域。考虑医疗建筑建设周期较长,可能在设计初期刚推出的新技术,在项目建成时已可成熟运用。故为了保证项目能够紧跟时代,避免建成即落伍的尴尬结局,应在设计初期就为将来的发展做好铺垫。

7.8.1 医疗设备物联网

医疗设备物联平台立足于数字化医院、数字化手术室、数字化ICU等建设目标,实现信息互联互通、数据高速共享。可实现医疗机构多个场景下上百种医疗设备接入,包括诊断设备、治疗设备、辅助设备等。通过物联网技术实现对患者的实时监护、对物资的实时监管、保障患者的安全及数据的实时性和可靠性,为各个医疗应用场景提供标准化、安全化的数据服务,极大地协助医护提升工作效率,助力医院实现对人的智慧化医疗、对物的智慧化管理。

医疗设备物联平台中硬件部分可将医院各科室医疗设备统一连接,提供智能化的体征大数据采集、解析、传输服务。软件系统实时接收患者生命体征等数据并自动存储到数据库中,减轻手工记录工作量,避免录入错误,提高医护工作效率。提供患者体征数据查询功能,并可通过Web API、数据库、HL7标准协议三种方式传输体征数据。

7.8.2 智慧医疗

智慧医疗包含智慧门诊、智慧ICU、智慧手术室、智慧病房和智慧后勤等场景化应用。例如,智慧手术室支持将手术室前端的高清术野视频、高清全景摄像机视频、术中CT、超声、DSA、高清腔镜、胃肠镜、显微镜、麻醉机信号、生命监护仪、医用无线麦等音视频信号进行全面的整合记录,为培训教学、医院研究、在线学习提供珍贵的内容资源;支持手术室内各类信号集中统一的管理,按手术需要,可以把手术室内的信号自由切换到壁挂显示器、腔镜显示器、吊塔第三臂显示器等。通过网络、光纤或者其他传播媒介,实时共享手术视频和医学影像资料,实现远程教学和远程会诊。支持与医院已有信息系统的集成,实现HIS、

LIS、PACS、EMR 等系统的集成。在家属区和手术区实现信息共享互联，手术区进行手术排班系统的发布，提高各科室人员工作效率；家属等候区进行手术进程系统的发布，让家属在等待的过程中实时了解手术的进展情况，手术结束后能够第一时间接到自己的亲人，优化就医体验。由护士站进行手术室和手术区走廊的整体监控维护，第一时间了解到手术区的情况，并能在紧急情况下第一时间调配，争取手术的黄金每一秒；提供存储回放，便于查看手术室内部物品损毁丢失和人员流动的巡查。洁净度管理系统以 RFID 无线射频识别技术为核心，通过整合门禁、手术排班、手术室医护等 HIS 信息，实现控制手术室出入流程，管理手术衣鞋帽，控制人员进出。

7.8.3 智慧医院综合运营管理平台

智慧医院综合运营管理平台（hospital control center，HCC）是医院提高日常运营管理效率、提升医疗服务质量和增强处置突发事件的能力的理想集中控制实现方式。可对变配电系统、诱导灯、消防、绝缘气体泄漏报警、物流系统、医用气体监测、空气压缩、楼宇自控系统、净水等各种子系统实现实时数据对接。

该平台通过信息控制多级化管理、数据信息集成化管理、位置信息空间化管理、数字信息可视化管理等手段，将门急诊、住院、手术、医疗设备、信息设备、后勤保智能化设备及行政管理等医院日常运营数据进行整合。平时，医院管理层可通过电脑或手机等通信工具随时了解医院的运维状况、健康档案管理、医疗信息监控、统一呼叫服务、后勤综合调度、资产报表；在处置突发事件时，平台能够自动根据现场数据提供多种应急预案，供院长指挥选择决策。该平台是未来大型综合性医院必不可少的强有力支持。

7.9 运营商 5G 系统

5G 在医疗行业及医疗健康细分领域的典型应用如下。

7.9.1 远程医疗应用场景

1. 远程会诊

5G 网络高速率的特性，能够支持 4K/8K 的远程高清会诊和医学影像数据的高速传输与共享，并让专家能随时随地开展会诊，提升诊断准确率和指导效率，促进优质医疗资源下沉。

2. 远程超声

远程超声由远端专家操控机械臂对基层医院的患者开展超声检查，可应用于医联体上下级医院及偏远地区对口援助帮扶，提升基层医疗服务能力。

3. 远程手术

利用医疗机器人和高清音视频交互系统，远端专家可以对基层医疗机构的患者进行及时的远程手术救治。

利用 5G 网络切片技术，可快速建立上下级医院间的专属通信通道，有效保障远程手术的稳定性、实时性和安全性，让专家随时随地掌控手术进程和患者情况，实现跨地域远程精准手术操控和指导。

4. 应急救援

通过 5G 网络实时传输医疗设备监测信息、车辆实时定位信息、车内外视频画面，便于实施远程会诊和远程指导。对院前急救信息进行采集、处理、存储、传输和共享，可充分提高救治效率，提高服务质量，优化服务流程和服务模式。基于大数据技术可充分挖掘和利用医疗信息数据的价值，并进行应用、评价及辅助决策，服务于急救管理与决策。

5G 智能急救信息系统包括智慧急救云平台、车载急救管理系统、远程急救会诊指导系统和急救辅助系统等部分。

（1）智慧急救云平台。主要包括急救智能智慧调度系统、一体化急救平台系统、结构化院前急救电子病历系统。主要实现的功能有急救调度、后台运维管理、急救质控管理等。

（2）车载急救管理系统。包括车辆管理系统、医疗设备信息采集传输系统、AI 智能影像决策系统、结构化院前急救电子病历系统等。

（3）远程急救会诊指导系统。包括基于高清视频和 AR/MR 的指导系统，实现实时传输高清音视频、超媒体病历、急救地图和大屏公告等功能。

（4）急救辅助系统。包括智慧医疗背包、急救记录仪、车内移动工作站、医院移动工作站等。

5. 远程示教

医疗教育指面向医疗卫生技术人员进行的教育培训，用户包括医疗、护理、医技人员。

主要分为会议讲座、病例讨论、技术操作示教、培训研讨、论文与成果发表等形式，可线下组织也可线上远程进行。

远程医学教育培训主要包括基于音视频会议系统的教学平台、基于使用场景的教学平台和基于 VR/AR 设备的教学平台三类产品形态。

(1) 基于音视频会议系统的教学平台：主要用于病例讨论、病案分享等教学培训，基本功能为音视频会议系统和 PPT 分享。

(2) 基于使用场景的教学平台：除了音视频设备外，还需要结合具体场景对接相应的医学设备，如心脏导管室手术示教、神经外科手术示教、B 超示教等。

(3) 基于 AR/VR 的虚拟教学平台：以 AR/VR 眼镜等可穿戴式设备为载体，结合 3D 数字化模型进行教学培训，相比传统方式，受教者的沉浸感更强，具备更多交互内容，相对使用成本更低。

6. 远程监护

远程监护是利用无线通信技术辅助医疗监护，实现对患者生命体征进行实时、连续和长时间的监测，并将获取的生命体征数据和危急报警信息以无线通信方式传送给医护人员的一种远程监护形式。

依托 5G 低时延和精准定位能力，可以支持可穿戴监护设备在使用过程中持续上报患者位置信息，进行生命体征信息的采集、处理和计算，并传输到远端监控中心，远端医护人员可实时根据患者当前状态，及时做出病情判断和处理。

7.9.2 院内应用场景

1. 智慧导诊

随着医疗体制改革的不断深入，利用现代医疗信息化手段，优化就医流程，让广大患者有序、轻松就医已成为医院提高服务水平的迫切需求。

医院通过部署采用“云—网—机”结合的 5G 智慧导诊机器人，利用 5G 边缘计算能力，提供基于自然语义分析的人工智能导诊服务，可以提高医院的服务效率，改善服务环境，减轻大厅导诊台护士的工作量，减少医患矛盾纠纷，提高导诊效率。

2. 移动医护

移动医护可将医生和护士的诊疗护理服务延伸至患者床边。

在日常查房护理的基础上，医护人员通过5G网络可以实现影像数据和体征数据的移动化采集和高速传输、移动高清会诊，解决Wi-Fi网络安全性差的问题，提高查房和护理服务的质量和效率。

此外，在放射科病房、传染病房等特殊病房，医护人员还可以控制医疗辅助机器人移动到指定病床，在保护医务人员安全的前提下，完成远程护理服务。

3. 智慧院区管理

患者体征实时监测、院内人员安全管理、医疗设备全生命周期管理是智慧医院建设中的共同诉求。

利用5G海量连接的特性，构建院内医疗物联网，将医院海量医疗设备和非医疗类资产有机连接，能够实现医院资产管理、院内急救调度、医务人员管理、设备状态管理、门禁安防、患者体征实时监测、院内导航等服务，提升医院管理效率和患者就医体验。

4. AI辅助医疗

随着计算机技术和医学影像技术的不断进步，医学影像已逐渐由辅助检查手段发展成为现代医学最重要的临床诊断和鉴别诊断方法。

5G智慧医疗解决方案以PACS影像数据为依托，通过大数据+人工智能技术方案，构建AI辅助诊疗应用，对影像医学数据进行建模分析，对病情、病灶进行分析，为医生提供决策支撑，提升医疗效率和质量，能够很好地解决医学影像领域存在的诸多问题。

7.10　人脸识别

人脸识别产品利用图像处理器，可以对人脸明暗侦测，自动调整动态曝光补偿，人脸追踪侦测自动调整影像放大。广义的人脸识别实际包括构建人脸识别系统的一系列相关技术，包括人脸图像采集、人脸定位、人脸识别预处理、身份确认以及身份查找等；而狭义的人脸识别特指通过人脸进行身份确认或者身份查找的技术或系统。

人脸识别是一项热门的计算机技术研究领域，它属于生物特征识别技术，是通过对生物体（一般特指人）本身的生物特征来区分生物体个体。生物特征识别技术所研究的生物特征包括脸、指纹、手掌纹、虹膜、视网膜、声音（语音）、体形、个人习惯（例如敲击键盘的力度和频率、签字）等，相应的识别技术包括人脸识别、指纹识别、掌纹识别、虹膜识别、视网膜识别、语音识别(用语音识别可以进行身份识别,也可以进行语音内容的识别,只有前者属于生物特征识别技术)、体形识别、键盘敲击识别、签字识别等。

人脸识别系统目前已大规模应用于公共安全领域,延伸到医疗行业的应用体现在多方面。

(1) 打击涉医犯罪,确保就诊安全。建立有针对性的涉医犯罪人员布控库,与属地公安部门配合,进行实时布控。

(2) 管控职务犯罪,控制不当竞争。对进入医院诊疗区域的医药代表进行管控,协助解决药品流通领域经营不规范、竞争失序等问题。

(3) 杜绝职业医闹,保护人身安全。打击频繁出现的职业医闹,提高事件的响应速度,从被动响应变为主动预防。

(4) 规范就诊流程,构建和谐医患关系。重点防范黄牛、医托等干扰正常就诊秩序的特殊人群。

(5) 加强监管力度,维护医保基金。实现就诊患者与医保信息库中身份证照的比对,杜绝冒用医保卡的现象。

(6) 加强易肇事肇祸严重精神障碍患者管控。结合“雪亮工程”,确保严重精神障碍患者流入地、流出地发现管控到位。

第 8 章　医院运行保障系统设计要求

本章提出了医院内主要的运行系统及机房设计要求，如给排水系统设计要求、暖通空调系统设计要求、电气系统设计要求等。同时要求设计中前瞻性地考虑医院后勤设施运行的社会化、信息化以及能源管理的专业化等方面。

8.1　给排水要求

8.1.1　给水

医院项目应具备两路市政给水管，从医院的不同方位分别引入，市政压力不小于0.20 MPa。室外消防给水管网与生活、生产给水管网合用，管网呈环状，干管管径符合最高日用水量要求。室内给水系统采用分区供水方式，低区由市政水源供水；高区由设于生活水泵房内的生活水箱及高区生活供水设备加压，并经紫外线消毒器消毒后供至各用水点。

8.1.2　热水

生活热水源宜采用锅炉房制备的蒸汽或高温热水，经热交换站换热后供至用水点。热水系统分区同给水，由相应分区提供换热水源，部分生活热水由太阳能供水系统进行预加热或采用空气能热水机(工况条件适合地区)供应，配水管网采用同程机械循环系统。

8.1.3　饮用水

医院院内饮用水宜采用“管道直饮水 + 饮水终端机”供水方式。

8.1.4　循环冷却水及补水

冷却塔宜设于屋顶，与冷水机组一一对应并联锁运行。循环冷却水泵宜设于冷冻机房，并采取措施保证循环冷却水水质的稳定。在补充水总管上宜设水表计量。

8.1.5 排水

排水系统采用双立管系统。地上部分污水直接排出室外，地下排水排至集水坑后，由潜水泵提升排出室外。室外排水采取雨污分流制，室内生活污废水采用合流制。

屋面雨水采取内排水方式，屋面雨水经雨水斗及雨水管道收集后就近排入院区雨水管网。非机动车道路采用透水地面，铺设渗透性铺地材，设置雨水调蓄池。

8.1.6 污水处理

（1）锅炉房排污废水：不宜散排，应接入就近集水井内，经降温池处理后排入院区污水管网。

（2）营养食堂含油废水：经就地隔油器排入油脂分离器隔油处理后排入院区污水管网。

（3）室内医用及病房污废水：经化粪池沉淀后排入院污水处理站，经生化处理达到排放标准后，再排入市政污水管道。

污水处理站需要设置操作间，值班宜通过远程监控完成；操作间要求墙面、地面材质便于保洁，房间内配备电源、网线、空调及独立排风换气设备。

8.2 暖通空调要求

8.2.1 空调冷热源要求

宜在地下建筑内设置集中冷冻机房，在建筑物内设置燃气/油锅炉房，供给消毒系统蒸汽和净化空调系统冬季加湿用蒸汽，同时作为生活热水的加热热源，冬季供给空调用热水，冷热水经管网供给建筑各层，同时采用热回收技术回收。冷水机组的冷凝热用于生活热水预热和夏季净化空调系统的除湿再热。

影像中心各 MRI 的扫描间及其设备间分别设置风冷恒温恒湿机组。网络中心机房设置风冷恒温恒湿机组。核医学 PET-CT 室及医生工作站、影像中心、实验室、病理科等区域设置多联机系统。

8.2.2　空调水系统要求

冷源侧宜采用变流量系统，冷冻水泵采用变频泵。手术部等净化空调为四管制系统，可实现同时供冷、供热。其余诊室、病房等区域空调机组及风机盘管为分区两管制系统，外区冬季供热夏季供冷，内区四季供冷。

8.2.3　医疗区空调系统要求

1. 设置全空气净化空调系统区域

主要有中心供应无菌品存放区、输液配置中心、介入中心、手术部、血液科病房、生殖中心等。

2. 设置全空气空调系统区域

主要有入口大厅、急救大厅、出入院大厅、医疗主街、餐厅、透析室、报告厅、口腔科、病案库、中心药库/住院药房、中心供应的清洁区和污染区、检验中心流水线。

ICU、CCU、EICU、留观室等设置显热回收全新风直流式空调系统，其余房间均为风机盘管加新风系统。

3. 医疗区通风

(1) 诊室、治疗室、化验室及各卫生间设排风系统，通过竖井排至屋顶，使其处于负压状态，从而使气流按“医护人员办公室→走廊→诊室→室外”的方向流动。

(2) 新风系统分楼层分防火分区设置，排风均排至屋面，高空排放。

(3) 抗生素配置/细胞毒剂生物安全柜、病理科通风柜设置独立的排风系统。

(4) 核医学通风柜采用排风井高效过滤器过滤后高空排放。

(5) 厨房设全面排风及局部排风系统排至屋顶，并设置相应的补风系统。

8.2.4　排风口要求

(1) 为了保证医院建筑内良好的空气质量，各排风口均设在屋顶，进行高空排放；各进风口均由侧墙进风，进风口与建筑装修相结合。

（2）医院内部厨房油烟均采取高位排放，并设油烟净化器，其油烟排放浓度及净化设备的最低除去效率不低于国家现行标准的规定。

（3）核医学通风柜排风采用高效过滤器过滤。

（4）空调机组、风机盘管设置驻极式静电杀菌过滤器。

8.2.5 节能要求

（1）所有空调设备均选择节能产品，保温材料选择隔热良好的材料，减少冷热损失；保温材料导热系数、厚度应控制在国家现行标准的限值范围内。

（2）采用冷凝热回收技术回收制冷机的冷凝热，用于净化空调系统的除湿再热及生活热水的预热。

（3）空调水系统为冷源侧一次泵变流量系统，降低冷冻水泵运行能耗。

（4）全空气空调系统均采用双风机空调机组，过渡季节可100%全新风运行。

（5）服务于病房的新风机组均采用热回收装置，回收余热。

（6）风机盘管设置房间温度自动调控装置，病房内风机盘管与窗磁联动。

（7）在冷热源和分集水器各分支管设热量表，方便日常管理。

8.3 电气要求

8.3.1 变配电系统要求

一级负荷：手术室设备及照明用电、病理等重要实验用电、检验中心输血科、MRI、直线加速器、模拟定位、介入治疗CT、ICU、洁净手术部空调系统、走道照明、消防用电、客梯电力、生活水泵、排水泵、污水处理站、安防设备、空压机、负压吸引，其中重要手术室、重症监护等涉及患者生命安全的设备（如呼吸机等）及照明用电为一级负荷中特别重要负荷。

二级负荷：放射科设备、锅炉房、自动扶梯等。

三级负荷：其余负荷均为三级负荷。

8.3.2 供电电源要求

医院供电一般要求由两路独立的10 kV高压电源供电，要求两路电源同时工作，互为备用，且当其中一路故障时，另外一路能够承担全部负荷的供电。当两路市电均断电时，为保障重要负荷供电，设置柴油发电机组。对停电要求小于 0.5 s 的重要负荷，除由柴油发电机组作为自备电源外，还应设置 UPS 不间断电源。

高压供电系统 10 kV 侧单母线分段，设置母联开关，平时分列运行，当其中一路 10 kV 电源故障时，手动操动母联开关合闸，使另一路 10 kV 电源带本工程全部电气负荷。

8.3.3　低压配电要求

医院低压配电系统电源为 220 V/380 V。低压配电系统采用单母线分段，每 2 台变压器之间设置母联开关，正常情况分列运行，当一台变压器故障时，联络开关自动或手动闭合，另一台变压器承担 2 台变压器的一、二级重要负荷。

在变电所设置应急母线段，由一路低压母线段电源与柴油发电机引出电源经双电源自动切换开关供电，当两段变压器母线失电后自动启动柴油发电机组为手术部、ICU 等医院重要负荷供电。对于消防负荷及其他重要负荷，采用双电源末端配电箱内自动切换配电。

8.3.4　计量要求

高压宜采用集中计量，在每路 10 kV 进线处设专用计量柜并装设分时计费的有功电度表和无功电度表。低压出线柜设带通信接口的数显智能表；根据各功能分区以及管理要求设置分项计量。

8.3.5　照明要求

照明光源及灯具选择高效、节能灯具。在走廊、楼梯间及其前室、电梯间及其前室、大面积场所等处设置疏散照明。在消防监控室、配变电所、消防电梯机房、消防水泵房、排烟机房等重要机房，设置不小于正常照明照度的应急照明。

第 9 章　BIM 设计要求

BIM 技术作为创新型数字化技术手段，需要从设计之初就予以贯彻，从最初的源头收集医院建设的第一手原生信息，并将其数字化还原。简而言之，就是在医院尚未建设之前就在计算机系统中将医院所有系统搭建完，形成一个拥有全套系统的虚拟医院，通过此技术对医院的设计、施工、运维等进行全流程研究，并以此对医院建设进行全周期优化及验证。同时，虚拟医院技术使传统的基建领域拥有了数字化手段，能与已知、未来可预见的高科技设备进行信息化沟通，成为通向未来的桥梁。

9.1　BIM 技术应用范围

BIM 是建筑信息模型(Building Information Modeling)的简称。简单地说，就是施工图纸的数字化表达从而实现一系列的应用，特别是有助于建筑图纸的可视化以及精细化建造，是促进医疗设计规范化、标准化、精细化的重要工具。实际项目中，需要对医院进行全专业模型建立，通过三维信息模型，对设计进行复核验证，对二次精装和机电的复核优化以及施工落地指导。同时 BIM 的可视化特性解决了设计院与医院因为专业不对口所产生的沟通问题，使得设计更为深入彻底地得以推进。此外，通过 EBIM 运维软件与三维模型结合，可以让用户了解设计，了解运维。

9.2　BIM 技术设计应用的要求

9.2.1　建立数字化协同管理平台

(1) 轻松浏览：通过 BIM 模型可以对图纸、数据、文件进行浏览，满足业主、施工方、设计方的不同数据需求。

(2) 数据采集：模型、图纸、信息属性、各种统计清单、工程量、模拟施工等信息统一采集，为后期搭建虚拟医院运维平台提供数据基础。

(3) 实时更新：与本地BIM数据同步更新，方便随时查看项目最新情况，随时随地监管项目，掌握项目进度。

(4) 信息协同：实现业主、施工、设计等参建单位的数据共享，信息传递保持一致性。

(5) 动态管理：施工计划实施在线查看，进度、成本随时获取，应用最新移动端App等手段实现现场指导轻而易举，质量控制一手掌握。

9.2.2　BIM模型创建

在设计阶段，BIM模型创建不仅包括建立设计BIM模型，还包括模型审核及修改。BIM模型可应用于建筑指标统计计算、专业综合与碰撞检查、环境分析、净空净高分析、室内外漫游模拟、设计建造过程模拟、工程数量统计以及基于BIM的设计优化等方面。而各专业综合与碰撞检查是设计过程中使用频率最高的一项应用。

9.2.3　设计预建检查

(1) 医院项目包含门诊、实验室、手术室、住院部等，医院建筑功能空间小、走道窄等特点给管线综合设计提出了极大的挑战。通过BIM技术，建立全专业模型(图9-1)，并且对其中的机电部分进行管线综合优化设计(图9-2)，提高了空间利用率，减少了施工中因管线碰撞而造成的施工返工、停工现象，提高施工效率。过程中发现专业间碰撞(图9-3)，由BIM设计率先提出解决方案，然后协调各专业共同确定方案并及时进行设计调整。

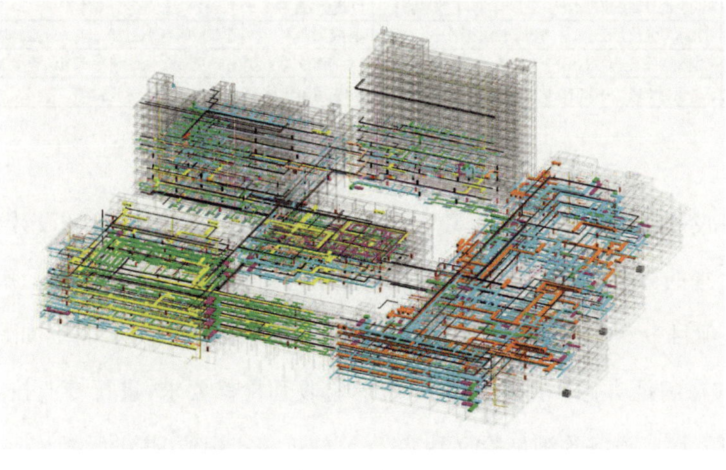

图9-1　某项目土建机电综合模型

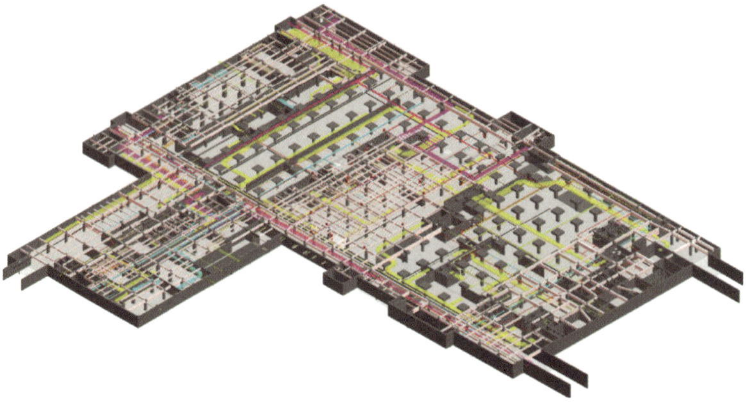

图 9-2　整体空间全专业管综优化展示

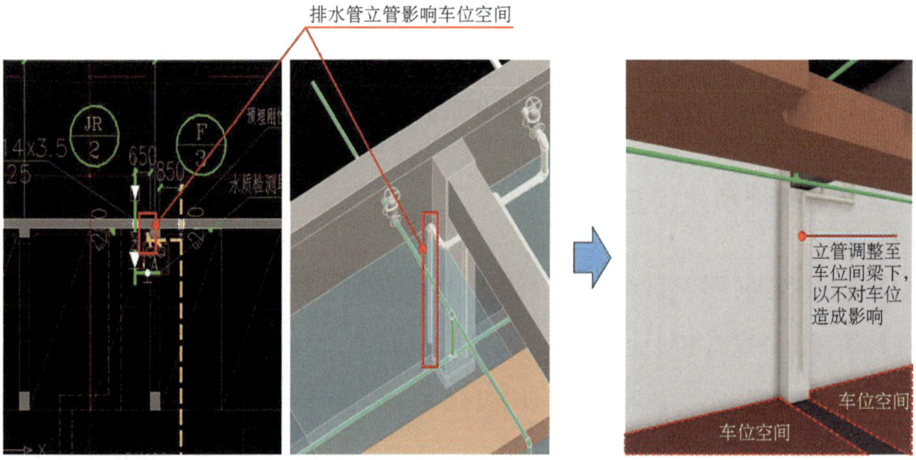

备注：BIM管线优化排布时已全程严格遵循净高≥2.2 m，故不存在车位净高不足的情况。

检查共3处

问题描述	车位空间受地下室排水管立管影响，有验收风险	问题严重性	较轻　中等　较严重
问题原因	给排水专业独立设计，未考虑车位情况	造成影响	车位空间不满足规范，具有一定的验收风险
无BIM的预判	后期须寻找其他位置弥补车位，若无法满足则须对受影响的部位进行返工，给项目成本、工期、开发流程均造成一定影响		
BIM优化方式	三维模型中通过碰撞检查发现问题，返提施工图修改	BIM应用价值体现	通过信息技术对问题实现“事前控制”

图 9-3　模型建立后的碰撞检查

(2) BIM 设计必须结合精装修、幕墙等各专业，复合节点收口，验证设计合理性，保证各功能空间合理的标高，也满足管线穿越设计要求，真正做到提前发现问题、解决问题。

(3) 医院项目中专业设备管路众多，各功能空间管线排布错综复杂，如图 9-4 所示。BIM 设计能够在满足功能需求的前提下，考虑验收和检修要求，进行专业技术复核，确保项目消防、人防、医疗设备等满足验收要求，保证施工一步到位，减少反复。

图 9-4　医院项目管线排布

(4) 标准化精细设计。通过 BIM 设计，形成标准化设计单元(图 9-5)，为医院品质建设奠定稳定基础，同时促进医院项目标准化建造。

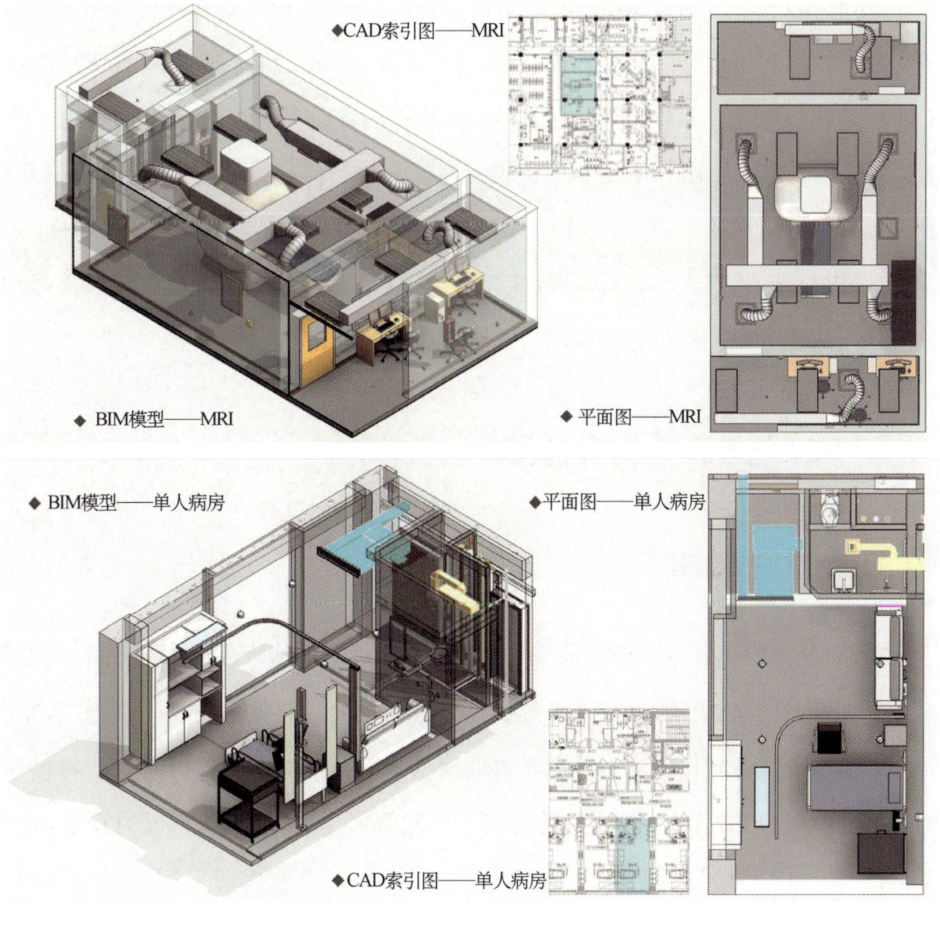

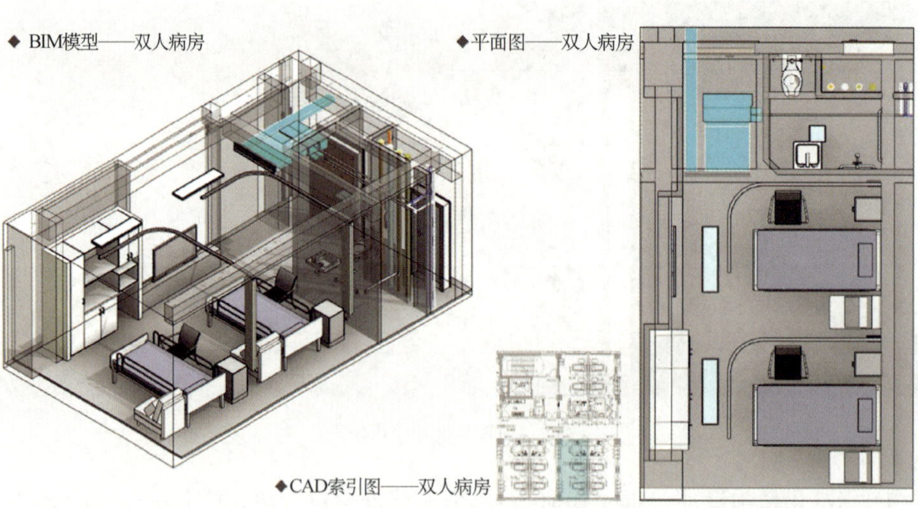

图 9-5　BIM 模型标准化设计单元

（5）BIM 5D 模拟。通过 BIM 模型，可以分别以人视、车视对地库进行漫游模拟，对空间进行设计验证，保证设计品质。地上空间，尤其是主入口大堂、门厅主要视觉空间，可以通过 BIM 局部渲染、模拟，对空间尺度进行动态感受。对地库车位、车道、电梯厅及主要人行通道进行空间视觉优化，在满足施工验收的基础上，提升净空，优化管路走向，提升视觉感受，从而提升项目品质。

地上公共区域、入口大堂、电梯厅等主要节点空间，尤其需要全方位管线优化，确保净高要求，同时为提升净高提供更多可能。

9.3　BIM 技术施工应用的要求

9.3.1　图纸清晰化

三维模型使得原先各专业设备错综复杂的空间管线走位清晰易读，方便进行各专业技术复核，确保项目消防、人防、医疗设备等满足验收使用要求。保证施工一步到位，减少反复。同时，各专业设计建构的模型具有各自的属性，如构件的位置、尺寸、高度、材料等，将这些属性通过数据形式保存，可以为后续施工协同管理提供基础，以供随时调取，且清晰易读。

9.3.2　施工预模拟

设计阶段建立的虚拟数字模型，可以在施工阶段进一步深化。通过虚拟施工和施工过程控制、成本控制，实现 3D + 2D（三维 + 时间 + 费用）信息化集成，保证设计到施工阶段模型的一致性及模型的连续性。

9.3.3　成本优化及管控

虚拟技术将各专业系统统一优化，可减少材料及施工成本。

造价单位使用 BIM 条件下的三维算量软件平台，按照不同专业导入需要的数据，可以迅速实现建筑模型在算量软件中的建立，及时、准确地计算出工程量，并测算出项目成本；设计方案修改后，重新导入数据，可直接得出修改后的测算成本。

精装修部分的虚拟数字模型也为招标和工程管控提供了装修材料清单。同时，在过程中也可对方案调整与成本间的关系进行直观统计和计算。

9.3.4　EBIM 软件技术应用

EBIM 软件可分为模型上传、模型浏览、指导施工、问题协同、进度管控和验收六大模块，如图 9-6 所示。

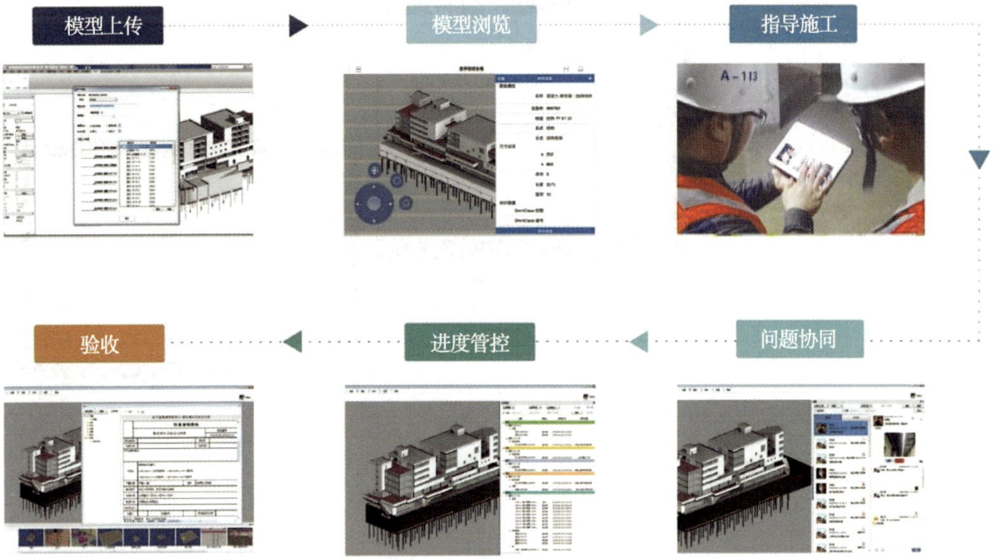

图 9-6　EBIM 软件技术应用

通过项目账号的分配，将设计、施工、监理、业主等单位链接成为一个统一的整体（图 9-7），发现问题及时协同解决，并将相关数据和原始资料在云端进行存档，便于后期的整理和调取。

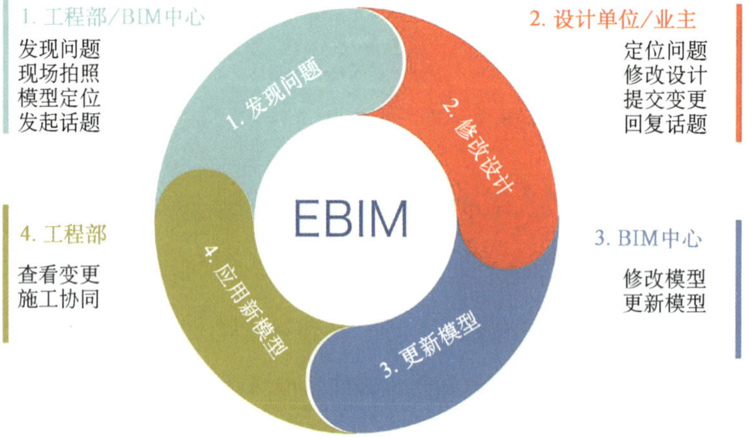

图 9-7　EBIM 系统问题处理

在施工管理方面，可同步引进 BIM 云端管理平台，实现 Web 端（图 9-8）、PC 端（图 9-9）与移动端（图 9-10）三端数据共享，实现项目施工阶段的数据化、可视化和实时化。

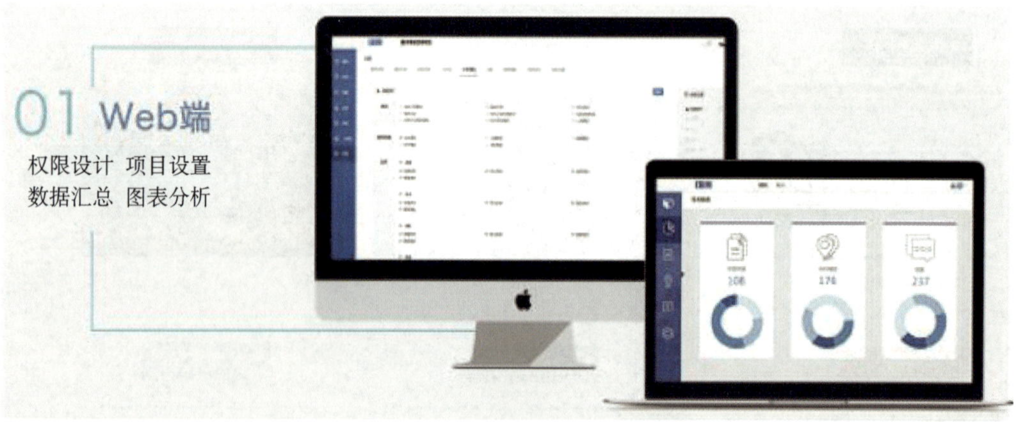

图 9-8　BIM 云端管理平台 Web 端

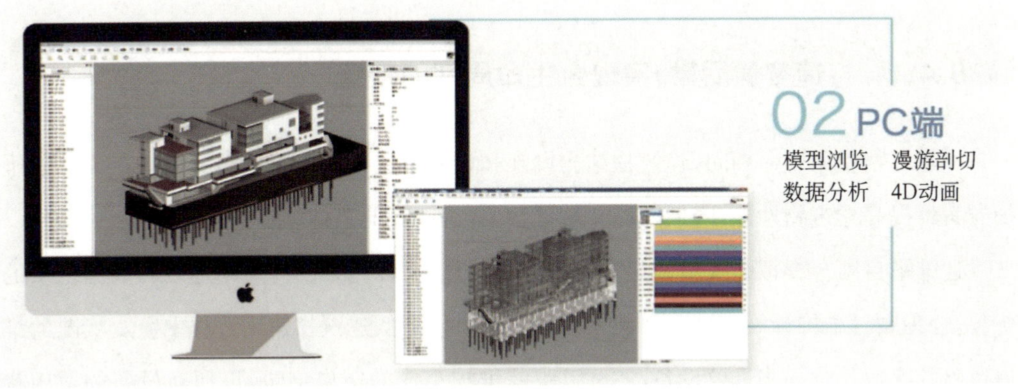

图 9-9　BIM 云端管理平台 PC 端

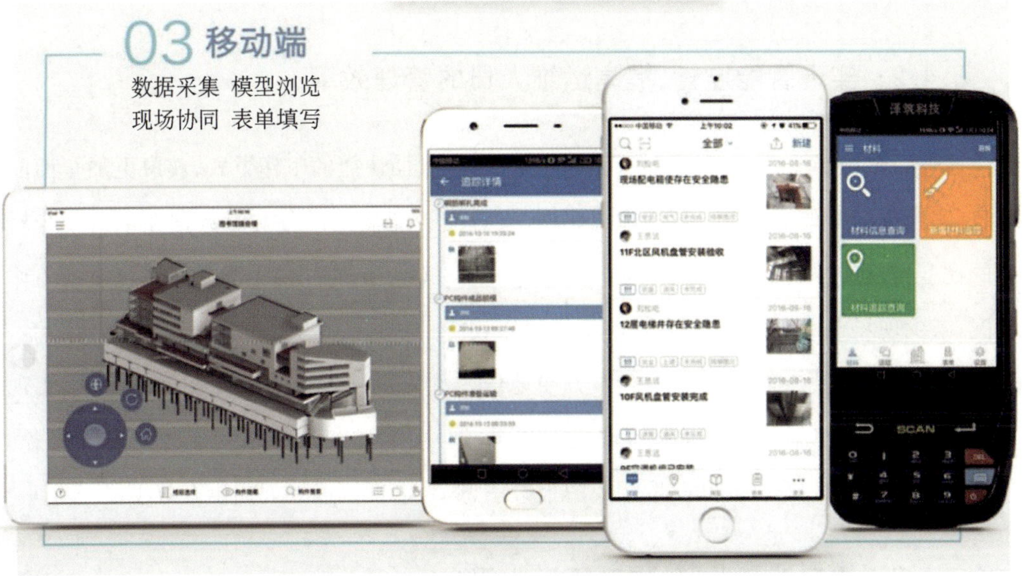

图 9-10　BIM 云端管理平台移动端

9.4　BIM 技术运维应用的要求

大型医院结构复杂、功能多样，医院内的诊疗活动承载着巨量的人流和物流，因此需要基于信息化手段及方式，全面提高后勤服务中心工作人员的工作效率。虚拟医院技术在与运维软件结合后，可基于智慧医院后勤运维平台大数据、云计算、虚拟技术和物联网技术，全面提高智慧医院的整体运维管理水平和后勤服务能力。依据医院的实际情况，智能化运维管理的需求主要体现在以下三个方面。

9.4.1 打造智慧后勤，实现全生命周期的管理

在建筑物使用寿命期间，建筑物结构设施和设备设施都需要不断得到维护。成功的维护方案将提高建筑物性能，降低能耗和修理费用，进而降低总体维护成本。

运维平台结合虚拟医院模型全生命周期的特点，可以充分发挥空间定位和数据记录的优势，合理制订维护计划，分配专人专项维护工作，以降低建筑物使用过程中突发状况的维修风险的次数。对一些重要设备，还可以跟踪维护工作的历史记录，以便对设备的适用状态提前做出判断。此外，在三维的环境下，维护人员对于设备的位置十分清楚，大大提高了维护效率。

9.4.2 实现智能监管，提高运维人员的管理效率

通过后勤智能监控，实现更加可靠的安全保障，更加快捷的工作方式，获取更加全面的信息，实现更低的维护成本。基于虚拟模型，将各类智能监控设备实时数据在平台集合对应的模型构建实时显示，实现集中监控、集中调度，在较短的时间内全面了解系统设备工作情况，减少现场点检次数和时间，提高整体工作效率。

运维平台实现各类系统统一整合，方便地依照预先定义的业务规则和逻辑关系，实现基于事件的连锁控制。平台能够实现主动预警、调度预判，实现从被动变为主动的服务。基于移动监控功能，第一时间获取相应的报警信息，为事件快速处理提供有效手段。

9.4.3 构建能耗监管，提升管理水平

通过对医院能耗数据的分散采集与集中检测，并将采集的各类数据以及各个监测点（包括各个科室的电耗、水耗、气耗等）在虚拟模型上统一展示，集成纳入统一平台予以监测。通过分析能耗数据，建立能耗参考基准，对异常消耗数据提供实时报警的主动推送。

基于能耗监控数据进行全面的统计分析、能效分析、节能诊断，融合 BA 监控系统，配套相应的节能控制策略，实现系统之间的联动，提高运行效率，降低能耗成本。

附录 A 现代综合医院调研和访谈汇总

现代医院建筑是跨专业的综合建筑，对医院建筑学的认识来自于对医学、医疗设备工程学、建筑学、社会学、经济学等领域的多方面的应用与整合，是庞大而复杂的工程艺术，也是民用建筑中最为复杂的建筑之一。如果对医院自身需求调研不充分，必然造成重复施工，不仅延误工期，还给医院带来经济损失。因此，医院建设的前期策划工作至关重要，这将大大提升医院设计的效率和准确性，减少后期建设过程中的修改和返工。进行前期策划的目的就是站在医院的角度弄清各功能科室之间的逻辑关系，明确其发展方向和定位，并从具体建筑的设计布局出发，对医院各功能科室进行合理布局。

A.1 现代医院建设情况调查

对现有医院进行调研，了解、分析成熟医院各功能科室的规划，使设计者有一个很好的参考物，在今后的设计过程中对一些关键问题进行反复比较、实地考察是前期设计必不可少的步骤。

本次调研的医院有浙江大学医学院附属第一医院、浙江大学医学院附属第二医院、浙江大学医学院附属第四医院、浙江大学医学院附属邵逸夫医院、树兰（杭州）医院、浙江省长兴县人民医院、杭州市富阳区第一人民医院等，具体见表 A-1。

表 A-1 现代医院建设应用情况调查汇总

序号	属性	浙江大学医学院附属第一医院	浙江大学医学院附属第二医院（滨江院区）	浙江大学医学院附属第四医院	浙江大学医学院附属邵逸夫医院	树兰（杭州）医院	浙江省长兴县人民医院	杭州市富阳区第一人民医院
1	医院性质	综合	综合	综合	综合	综合	综合	综合
2	编制床位（张）	2 500	1 200	920	1 000	1 000	740	800

（续表）

序号	属性	浙江大学医学院附属第一医院	浙江大学医学院附属第二医院（滨江院区）	浙江大学医学院附属第四医院	浙江大学医学院附属邵逸夫医院	树兰（杭州）医院	浙江省长兴县人民医院	杭州市富阳区第一人民医院
3	年门急诊（万人）	421	198	78.18	8.351 5	29.57	109	20.55
4	年出院（万人）	16.9	2.69	2.26	5.962 5	2.6	2.6	3.8
5	用地面积（亩）	76	150	189.3	146	160	111	166.9
6	建筑面积（万 m^2）	17.9	17.9	12.3	17.57	11	7.5	13.08
7	车位数(个)	720	1 000	618	900	450	500	990
8	交通拥堵时间段	7:00—16:00	7:00—10:00	7:00—10:00	7:00—16:00	7:00—10:00	7:00—10:00	7:00—10:00
9	交通拥堵情况	非常拥堵	一般	比较拥堵	一般	非常拥堵	一般	不太拥堵
10	手术室(间)	45	28	20	27	20	11	18
11	百级手术室（间）	6	9	4	8	2	0	3
12	千级手术室（间）	12	10	8	0	13	2	0
13	万级手术室（间）	11	7	8	19	3	5	15
14	其他手术室（间）	16	2	0	0	2	4	0
15	年手术量（万台）	9.13	2.69	1.3	2.6	0.73	0.13	0.12
16	手术室使用状况	很忙	很忙	一般	很忙	一般	一般	很忙
17	超声科诊室（间）	70	12	14	14	18	12	9
18	超声科拥挤程度	非常拥挤	一般拥挤	非常拥挤	非常拥挤	一般拥挤	一般拥挤	非常拥挤
19	内镜诊室（间）	10	10	5	10	8	5	6

（续表）

序号	属性	浙江大学医学院附属第一医院	浙江大学医学院附属第二医院（滨江院区）	浙江大学医学院附属第四医院	浙江大学医学院附属邵逸夫医院	树兰（杭州）医院	浙江省长兴县人民医院	杭州市富阳区第一人民医院
20	内镜拥挤程度	非常拥挤	一般拥挤	一般拥挤	非常拥挤	一般拥挤	一般拥挤	一般拥挤
21	门诊室（间）	288	144	180	145	95	90	60
22	门诊拥挤程度	非常拥挤	一般拥挤	一般拥挤	非常拥挤	正常	一般拥挤	一般拥挤
23	病房拥挤程度	非常拥挤	一般拥挤	一般拥挤	正常	正常	正常	一般拥挤

通过对表A-1的统计与分析，可以清晰地发现现代医院建设的问题，并针对问题给出以下相关建议。

（1）床位和车位配比不足，造成医院交通拥挤。大多数医院停车位不足，调研建议车位和床位比为1.2～1.5，基本可以解决医院内部停车难的问题。

（2）医院交通拥挤时间段一般为早上7：00—9：00，为缓解医院交通拥挤时间段，建议优化院内交通组织方案，优化医院停车管理模式，严格采用门诊预约制管理模式可有效分流早高峰人流量。

（3）传统医院普遍存在门诊拥挤情况，通过调研得出日门诊量与诊室数量比为50∶1～80∶1时，可有效缓解门诊拥挤程度。

（4）传统医院普遍存在手术拥挤情况，一般日手术量与手术间数比为2∶1～3∶1时，可有效缓解手术拥挤程度。

（5）传统医院普遍存在超声检查预约时间长的情况，一般日超声检查人次与超声科诊室数比为50∶1～80∶1时，可有效缓解超声检查预约时间长问题。

（6）传统医院普遍存在住院等待时间长的情况，一般日门诊量和病床数量比为3.5∶1～5∶1时，可有效缓解病房等待时间长问题。

（7）传统医院普遍存在内镜检查预约时间长的情况，一般日内镜检查人次与内镜诊室数比为100∶1～150∶1时，可有效缓解内镜检查预约时间长问题。

针对调研结果，对医院建设提出以下综合性建议。

（1）建设前期要重视医院的规划。规划不仅要满足医院近期的发展，还要结合医院周边的发展前景，明确其发展方向和定位，进行整体布局。

（2）站在医院的角度理清各功能科室之间的逻辑关系，并从具体建筑的设计布局出发，对医院各功能科室进行合理布局，建立一套系统、科学的医院建筑需求收集系统，通过整合医院建筑行业多位专家的意见设计各类需求调查表，如“现代医院建设情况调查表”“院内物流需求调查表”等，并通过问卷调查对系统和模板做进一步完善，完成最终标准化的“建筑需求调研模板”。

(3) 在项目实施阶段，用户只需填写“建筑需求调研模板”即可将医院需求进行量化，将建筑、机电、装饰等不同专业角度的医疗需求转化为建筑语言，帮助医院将复杂的医疗需求形成详细的设计任务书，最终落实到图纸上，使医院的功能达到最优化。

(4) 相关政府职能部门需要对任务书进行审核审批，判断方案的合理性、可行性、经济性等条件，并提出相应的意见。

(5) 在设计、建设过程中应充分利用先进的技术，如建筑信息化模型，对整个建筑项目进行全生命周期的管理，对有缺陷的设计方案及时作出调整，提升医院建筑设计的效率和准确性，减少后期建设过程中修改和返工。

A.2 深圳部分医院调研访谈

此外，编者对南方医科大学深圳医院和中山大学附属第七医院进行了访谈。

A.2.1 南方医科大学深圳医院

2018 年 11 月 22 日，课题组就“医院建设标准”课题研究至南方医科大学深圳医院(以下简称“南大医院”)进行调研访谈，现将访谈结果汇总如下。

1. 南大医院项目概况

南大医院是深圳市医疗卫生“三名工程”的重大项目，是由深圳市政府投资兴建的市属公立医院，以“管办分离”的模式委托南方医科大学管理。医院总占地面积 82 412 m^2。

规划：总床位数为 2 500 张，一期工程投资 20 亿元，建筑面积 171 204 m^2，展开床位 1 000 张，设计日均门诊量 8 000 人次。

实际：一期床位数 1 000 张，概算 10.2 亿元，日均门诊量 3 000 人次，日均手术数量 40 台。于 2007 年立项，2011 年 4 月开始建设，2015 年 12 月 28 日开业。

2. 南大医院建设过程中出现的问题

(1) 由于建设地周边地铁线路复杂,建设过程中,地下地质情况差。

(2) 在可研与初步设计完成后,交由深圳市工务署实施管理,因运营团队于2014年才确定,导致后期功能与装修产生变更,使用设备无法确定,重要设备室如DSA室、MRI室等建设成毛坯房。

(3) 医院前期定位为市综合性医院,后期调整为教学、科研、医院一体化的大学附属医院,导致医院教学科研实验室稀缺。

(4) 由于"超概调概"的原因,压缩了装饰装修的标准。

(5) 病房内由于热水使用的镀锌钢管容易腐蚀漏水,无法达到使用要求。

(6) 室内空调系统的设备质量不佳,锅炉加热的室内温湿度达不到病房使用需求。

(7) 医院室内层高3.7 m,净高2.5~2.7 m。由于前期没有进行BIM模拟管道,导致吊顶内管道复杂不清,后期维修困难。

(8) 医院主入口为人车混行,堵车严重,安全性不够。

(9) 住院部的标准护理单元内男女医生用房紧张。

(10) 考虑后期医院的发展,缺乏远程会诊、网络医院等可使用的场地。

(11) 重点科室与普通科室的配置未区分。

(12) 医院内50台电梯的配置无法满足使用需求,常速使用效率低。

(13) 污物由人工处理送至污物垃圾站,无专用通道。

(14) 物流系统采用轨道物流,偶尔输出站点错误为管理失误。

(15) 机房配备不足,如载备机房、安保机房、信息化机房、数字化机房、人脸识别机房等。

(16) 仓库空间不足,包括通用物资仓库、被服仓库及报废物资的处理空间。

(17) 后期改造费用3 000万元,如患者餐厅(食堂)扩大、增加被服仓库100~200 m^2。

(18) 医院定位更改后无法满足实验室、科研教学的要求,由发改委补资金,暂用办公室代替实验室。

3. 南大医院建设建议

(1) 门诊要采取一站式服务,整体空间功能布局要适应医患客的使用。

(2) 医院走道要保证足够的宽敞,以满足使用要求。

(3) 热水管道建议采用不锈钢钢管，耐腐蚀。

(4) 设计中应考虑高压氧舱、手术室、核医学的特殊性。

(5) 医院收费台建议由高台变矮台，方便患者挂号，更人性化。

(6) 建议设计中人车分离、医患分离、洁污分离，医梯、污梯、洁梯应分开设置。

(7) 院内地下停车收费标准建议根据工作人员、医患人员、外来人员实行不同的分级，保证医院内的使用需求。

(8) 医院内易损部位、公共部位建议使用较好材料。

(9) 建议提高机电设备、空调设备、信息化及停车库的建设标准。

(10) 现代医院建设越来越往商业综合体的方向发展，设计中要考虑便利店、商店、咖啡店等餐饮进驻医院内部。

A.2.2 中山大学附属第七医院

2018 年 11 月 14 日，课题组就“医院建设标准”课题研究至中山大学附属第七医院（以下简称“中山七院”）进行调研访谈，现将访谈结果汇总如下。

1. 中山七院项目概况

中山七院是中山大学在深圳的第一家直属附属医院。医院设计总规模为 4 000 张病床，是华南地区单体规模最大的医院。其中，一期工程占地面积 80 503 m^2，建筑面积 137 900 m^2，展开床位 800 张，2017 年 7 月试营业，实际于 2018 年 5 月份正式开业。二期计划 3 200 张床位，占地面积 103 万 m^2，计划总投资 103 亿元左右。

2. 中山七院建设过程中出现的问题

(1) 院方的需求与建设方及设计院方需求之间有矛盾。

(2) 因规范要求或是因为使用单位变更，部分工艺、流程无法满足医院使用需求。

(3) 医院定位与变更发展快，不能完成建成之时的需求。

(4) 建成后的设备更新换代带来的影响。

(5) 一、二级流程不合理，导致如妇产科的通道与污物路线通道的冲突等问题。

(6) 验收标准的冲突，规范标准与现实情况的冲突。

(7) 各科室中一些病房的特殊性，如通风排风系统的要求。

(8) 施工过程中已经确认无法满足使用需要，但是仍然按图纸进行施工，对后期交付使用产生的影响较大。

(9) 由于前期设计中没有考虑周全，科室配置不够齐全等，导致后期的重复施工以及加建。

(10) 由于消防防火窗的验收不通过，导致医院开业时间推迟。

(11) 由于前期设计考虑不够周到，没有实地考察深圳地区的台风天气影响，导致医技楼的屋顶铝塑板脱落损坏严重。

(12) 室外连廊无顶棚，导致使用的不合理。

(13) 在后勤保障方面，能源的管理、仓储管理等还是人工操作，智能化不够普及，浪费大量的人力物力，不满足运营维护的需求。

(14) 在医院使用设备上没有与建设单位、施工单位签订维护保养协议，使院方后期运营维护得不到保障。

3. 中山七院建设建议

(1) 在设计前期要与医院使用方相互沟通，就图纸方面听取院方的合理性意见。

(2) 从方案论证到预评、环评开始就要考虑各种因素，如医院核医学科的特殊性。

(3) 院方建议在满足使用需求上，先满足科室的使用需求，再考虑规范使用、专家论证等，主要以院方使用需求为主。

(4) 使用方提前介入设计过程中，为后期交付使用减少二次施工。

(5) 人性化使用的考虑，如每个科室有相应的就餐环境。

(6) 一、二级流程的导向性要清晰明了，做到入院不迷路，如标识系统、地标系统都要明确。

A.2.3　访谈总结

通过对深圳各医院建设情况进行访谈调研，我们发现医院建筑存在一定的问题：①对医院建设需求了解不是很充分，建成后与使用者的期望有一定的差距；②深圳城市面貌日新月异，医院设计思路不够先进导致跟不上深圳的发展进度；③受用地条件限制，诸多项目未能合理展开；④由于城市规划的限制和周边配套的差异，导致医院设计不能完全达到使用者的预期目标。

附录 B　现代医院智慧综合物流传输系统应用研究

B.1　医院物流基本信息介绍

B.1.1　医院物流输送系统的现状及发展趋势

1. 传统医院物流存在的弊端

① 人流、物流混杂,易感染;

② 运送冲突多;

③ 垂直运送效率低;

④ 运送不及时;

⑤ 成本高,较难管理。

以上问题是目前大规模医院普遍存在的问题,而且随着医院规模的不断扩大越发突出。

2. 医院物流的发展

世界发达国家和地区的医院引入物流输送系统较早,并且应用领域广泛,种类齐全。比如美国、德国、日本、新加坡等国家的中型以上医院大都装备了物流输送系统。

B.1.2　常见物流基本介绍

1. 气动物流

医用气动物流传输系统是以压缩空气为动力,通过网络管和全程监控,将病区护士站、手术部、中心药房、检验科等数十个乃至上百个工作点,通过压力管道连为一体,在气流的推动下,实现药品、病历、标本等各种可装入传输瓶的小型物品于站点间的智能双向点对点传输。该系统一般用于运输相对重量轻、体积小的物品。

2. 轨道小车

医院轨道小车物流传输系统由运载小车、轨道网络、局部控制器、工作站点、防火窗等组成。系统采用分布式拓扑结构，可以根据医院建筑结构灵活布局，在水平及垂直方向上实现物品传输。系统带有消毒功能，满足医院的感控要求；带有水平仪的小车可以运送不能倾斜的试剂和血液样品。

3. 箱式物流

箱式物流传输系统是一种将输送物资放入大容量周转箱，通过周转箱在物资输送起始站与物资输送目的站来回传递，以达到物资输送目的的医院新型智能物流传输系统。箱式物流传输系统可以输送药品、标本、手术器械、无菌用品、消毒包、被服、后勤物资等，基本可装入周转箱的医院物资均可实现自动输送。

4. AGV 机器人

AGV 机器人即自动引导运输车(automated guided vehicle, AGV)，是指在计算机和无线局域网络的控制下无人驾驶的自动引导运输车。AGV 机器人经磁、激光等导向装置引导，并沿程序设定路径运行并停靠到指定地点，完成一系列物品移载、搬运等作业，从而实现医院物品传输。

5. 其他物流类型介绍

1) 医用智能手供一体化仓储系统

通过对医院存储区域垂直空间的充分利用，为医院消毒供应室及手术部物资存储输送提供一体化的全新解决方案。

2) 医用智能垃圾被服处理系统

医用智能垃圾被服处理系统可以对医院内的所有生活垃圾、污衣被服等非医疗性垃圾进行自动的智能传输及收集。该系统分为重力式与气动两种。

B.2　调研案例分析

B.2.1　数据采集调研

1. 轨道小车

1) 浙江大学医学院附属第二医院(滨江院区)

浙江大学医学院附属第二医院(滨江院区)位于杭州国家高新技术产业开发区(滨江)

江南大道以北、江虹路以西，占地面积 9.7 万 m^2，建筑面积 17.6 万 m^2，设置床位 1 200 张。

（1）系统概述见表 B-1。

表 B-1　浙江大学医学院附属第二医院（滨江院区）系统概述

医院床位数	1 200 张
门诊量	40 万次（2013—2015 年）
调研时间	2019-03-08
医院建筑情况	建筑面积 17.6 万 m^2，楼层 24 层
物流类型	轨道小车
总体造价	1 339.59 万元
站点总数	52 个
运行站点数	54 个
小车数量	80 套
载体运输重量	10 kg
消防验收情况	2013-02-06 验收合格
投入实施时间	2019-04-03
品牌厂家	德列孚（Telelift）
运维成本	造价的 2%～3%

（2）2018 年 1—12 月的运营数据如图 B-1 所示。

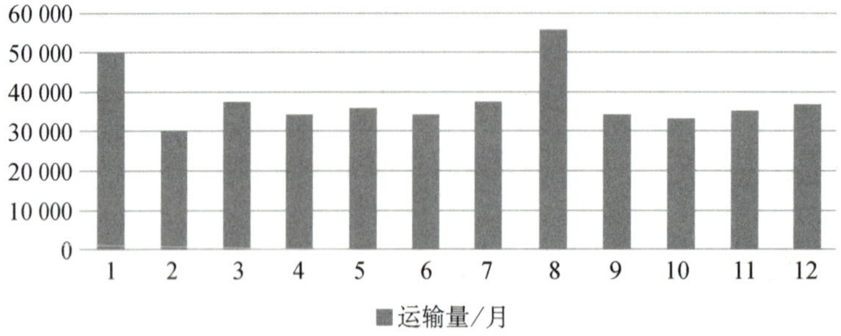

图 B-1　2018 年 1—12 月份运营数据统计

2）浙江大学医学院附属邵逸夫医院

浙江大学医学院附属邵逸夫医院核定床位数 2 400 张，设有 32 个临床科室，95 个护理单元，9 个辅助科室。

（1）系统概述详见表 B-2。

表 B-2　浙江大学医学院附属邵逸夫医院系统概述

医院床位数	2 400 张
门诊量	186.6 万次（2018—2019 年）
调研时间	2019-03-08
医院建筑情况	建筑面积 17.2 万 m^2，楼层 23 层、层高 4.5 m
物流类型	轨道小车
总体造价	1 490.65 万元
站点总数	54 个
运行站点数	54 个
小车数量	80 套
载体运输重量	10 kg
消防验收情况	2013-08-16 验收合格
投入实施时间	2019-08-15
品牌厂家	德列孚（Telelift）
运维成本	—

（2）2018 年 8 月至 2019 年 2 月的运营数据如图 B-2 所示。

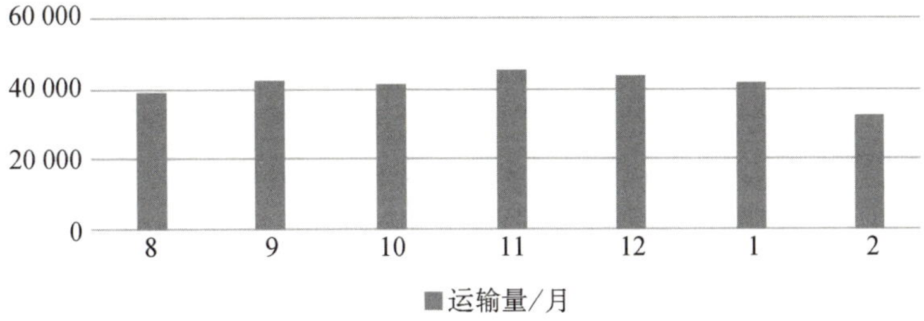

图 B-2　2018 年 8 月—2019 年 2 月运营数据统计

3）苏州大学附属儿童医院

苏州大学附属儿童医院占地面积近 6 万 m^2，一期工程建筑面积 13.3 万 m^2，已于 2015 年 6 月 1 日正式启用。医院编制床位 1 500 张，目前实际开放床位 1 300 张。

（1）系统概述详见表 B-3。

表 B-3　苏州大学附属儿童医院系统概述

医院床位数	1 300 张
门诊量	90 万次（2015—2017 年）

（续表）

调研时间	2019-03-08
医院建筑情况	建筑面积 13.38 万 m^2
物流类型	轨道小车
总体造价	1 300 万元
站点总数	32 个
运行站点数	32 个
小车数量	40 套
载体运输重量	15 kg
消防验收情况	—
投入实施时间	—
品牌厂家	特力
运维成本	—

（2）2018 年 1—12 月的运营数据如图 B-3 所示。

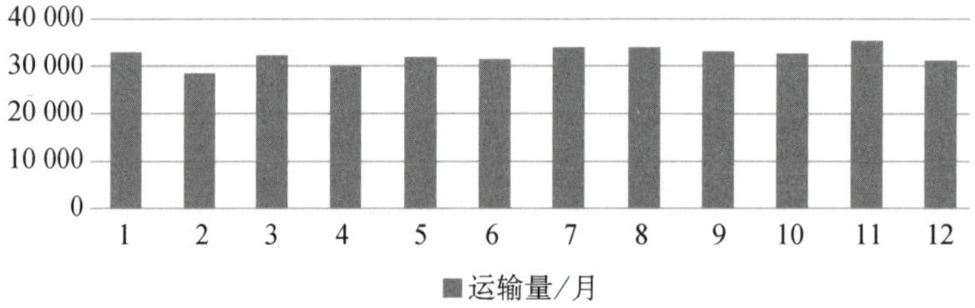

图 B-3　2018 年 1—12 月运营数据统计

2．气动物流

1）江苏省人民医院

江苏省人民医院占地面积 300 亩，现有建筑面积 41 万 m^2，固定资产总额 24 亿元，实际开放床位 3 685 张。

（1）系统概述

江苏省人民医院安装的为气动物流传输系统，供应商为银翼。系统共 145 个标准工作站、快速工作站接收及发送装置 4 套、使用 45 台标准风机、117 台转换器、MTU 系统 1 套、弧形 TCU 系统 6 台、直线型 TCU 系统 11 台、快速风机 15 台、1 套控制中心，现已经投入使用。气动物流系统 2014 年 1 月正式启用，2017 年 11 月新大楼新站点陆续启动。

(2) 2018 年 1—12 月运营数据如图 B-4 所示。

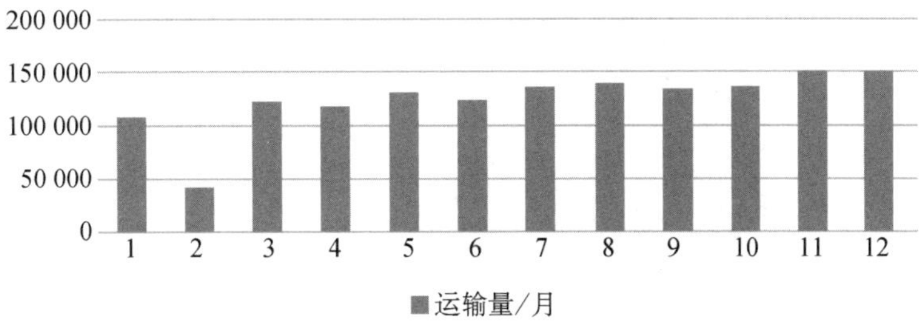

图 B-4　2018 年 1—12 月运营数据统计

2) 中山大学附属第一医院

中山大学附属第一医院开放病床 2 850 张，年住院手术人数达 7.18 万人次，出院人数达 10.61 万人次，病床使用率达 95%以上。

(1) 系统概述

中山大学附属第一医院气动物流传输系统系统包括：风机 10 台，六口转换器 13 台，四口转换器 13 台，工作站点 55 台，控制电脑以及控制软件 TL2009 一套。

(2) 2018 年 12 月运营情况

① 每天物流运输情况详见图 B 5。

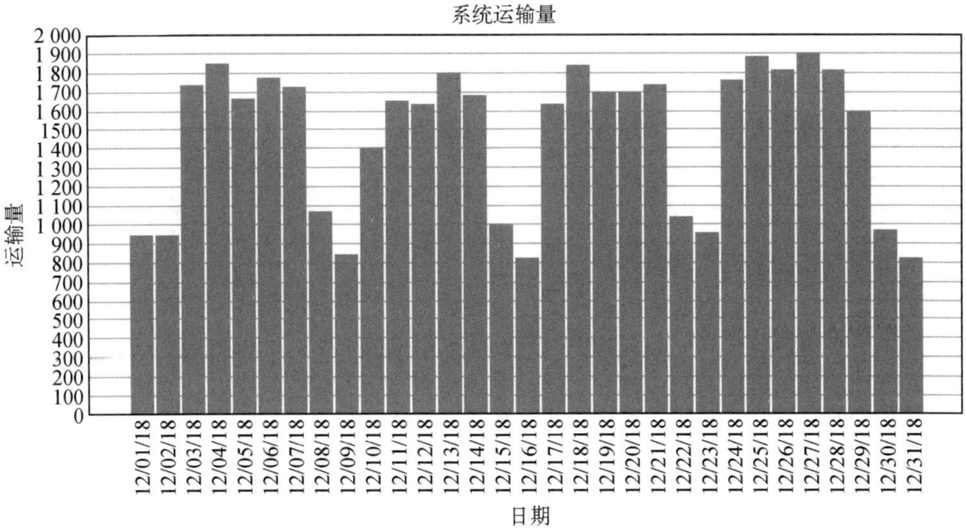

图 B-5　2018 年 12 月物流运输情况统计

② 各科室用量占比详见图 B-6。

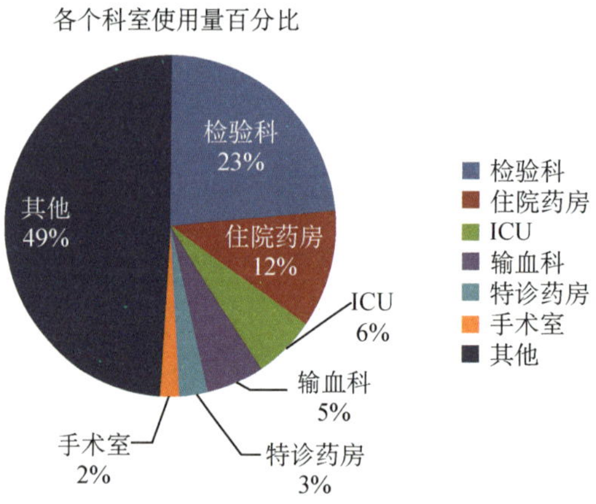

图 B-6 各科室用量百分比

3. 箱式物流

1）南京鼓楼医院

南京鼓楼医院核定床位 3 000 张，国家重点学科、国家临床重点专科 9 个，省临床医学中心 4 个、省医学重点学科 8 个、省级临床重点专科 29 个。

（1）基本情况介绍详见表 B-4。

表 B-4 南京鼓楼医院基本情况介绍

医院名称	南京鼓楼医院新医疗大楼
床位数	2 080 张
设计日门诊量	1.5 万次
医院建筑面积	22.48 万 m^2
物流类型	箱式物流输送系统
总体造价	1 598 万元
站点总数	43
载体输送重量	30 kg
消防验收通过日期	2013-03-03
品牌厂家	普天物流技术有限公司
传输速度/水平、垂直	水平 0.4 m/s，垂直 1.75 m/s
周转箱尺寸	大箱：600L×400W×300H(mm) 小箱：470L×320W×240H(mm)

(2) 基本运营情况

据在医院调研得知，鼓楼医院目前日均传输量达 2 500 箱次。系统上线后代替原有的 2/3 的人力运输，医院原计划设置运输人员 108 人，现有接近 2/3 的工作量被代替，设备上线后共节省人力约 60 人。医院护理人员平均人力成本按 4 500 元/(月 · 人)计算，每年需要的人力成本支出高达近 320 万，且人工成本每年会以近 10% 的幅度上涨。设备维保费用约为系统总价的 3%。

2) 深圳医院学府总医院

深圳大学总医院规划总床位 2 000 张，分两期建设。一期工程竣工于 2017 年 9 月，建筑面积约 14 万 m^2，床位数 800 张。二期建设完成后，总建筑面积将达 60 万 m^2。

(1) 基本情况介绍见表 B-5。

表 B-5 深圳医院学府总医院基本情况介绍

医院名称	深圳大学学府医院(一期)
床位数	800 张
设计日门诊量	—
医院建筑面积	14 万 m^2
物流类型	箱式物流输送系统
总体造价	1 500 万元
站点总数	37(实际运行 22 个)
载体输送容量	50 kg
消防验收通过日期	无
品牌厂家	艾信物流
传输速度/水平、垂直	水平 0.4 m/s，垂直 1.75 m/s
周转箱尺寸	大箱：600L×400W×300H(mm) 小箱：470L×320W×240H(mm)

(2) 基本运营情况

由于整个系统安装使用时间不足 1 年，现阶段只在静配中心和住院病区之间进行使用，后台数据不稳定也不完整，所以无法进行详细评价。

4. AGV 机器人

1) 江苏省人民医院

(1) 基本情况

现在整个医院在 8 层的住院药房/静配中心外有 6 个 AGV 机器人，专门开辟大约

50 m² 的停车自动充电区域。每天早晨 6 点根据预先设定好的程序将各个病区的物资通过员工电梯运送到各个护理单元，每辆小车单次最大的运送量约为 500 kg，基本运送一次就能满足护理单元全天所需的物资。除了运送护理单元的物资之外，也可以运送被服、餐食等其他物资。现在 6 个机器人加一整套的软件系统的造价约为 1 000 万元，单个造价为近 200 万，但使用的频率并不高。

（2）小结

AGV 机器人作为医院智能化物流系统的补充物流类型是不错的，运量巨大，可以提前设计好，完成每天定时定量的静配中心相关物资的运输，可以有效完成被服等大重量的物资运输，但现阶段国内医院的实际案例比较少，大部分医院都处于一个观望和逐步尝试的状态。同时，AGV 机器人本身需要单独的路径和一套完整的软件系统来完成相关的运输任务，造价也不稳定，建议在资金充足的情况下可以作为主物流系统的补充来进行尝试。

B.2.2 数据研究结果

1. 基础调研数据比对小结

1）轨道小车数据小结

（1）基本信息比对见表 B-6。

表 B-6 基本信息比对

医院名称	床位数（张）	站点数	总造价（万元）	设计载重量（kg）	实际载重量（kg）	年运量	建筑设计要求	消防解决方案	维保费用
苏州大学附属儿童医院	900	32	1 300	15	5～10	40 万次	有	有	造价的 3%～5%
杭州滨江医院	1 200	54	1 340	10	5～10	46 万次	有	有	造价的 3%～5%
杭州下沙医院	1 280	54	1 490	10	5～10	50 万次	有	有	造价的 3%～5%

（2）运输次数比对见图 B-7。

① 主要适用的科室包括检验科、急诊检验、中心药房、静配中心、ICU 和手术室等；

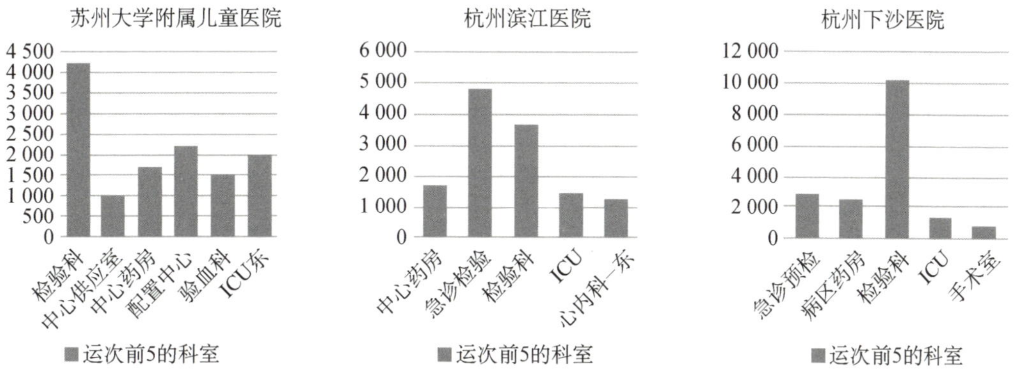

图 B-7　运输次数情况比对

② 主要运输的物资类型有体液血液等样本、药品、输液袋、治疗器械、治疗包、手术包等。

(3) 优劣势总结

优势：①对建筑条件和工艺设计要求不高；②有成熟的消防解决方案；③有足够的载重体积，可以满足医院大部分的物资运输需求；④有完善的车内和车体消杀解决方案；⑤有双重锁保护，满足医院贵重物品的传输需求。

劣势：①运输速度一般；②不能满足大件物品的传输需求，存在部分局限性。

总体来说，轨道式物流基本可以满足现在医院的物流传输需求，对于医院输液、批量的检验标本等物品有一定的优势，能够进行三维立体传输，节省劳动力，降低运营人工成本，满足院感控制要求，提升医护人员的工作效率，推荐度高。

2) 气动物流数据小结

(1) 基本信息比对见表 B-7。

表 B-7　气动物流基本信息比对

医院名称	床位数(张)	工作站数量	总造价(万元)	设计载重量(kg)	实际载重量(kg)	年运量	建筑设计要求	消防解决方案	维保费用
江苏省人民医院	3 685	145	6 985	7.5	5(最大)	149 万次	有	待定	造价的 5%左右
中山大学附属第一院	2 580	75	2 200	7.5	5(最大)	70 万次	有	待定	造价的 5%左右

（2）运输次数比对详见表 B-8。

表 B-8 气动物流运输次数比对

序号	部门名称	百分比	序号	部门名称	百分比
1	急诊检验科	13.69%	7	住院药房	12%
2	病区药房	20.01%	8	ICU	6%
3	输血科	3.22%	9	输血科	5%
4	检验科	8.81%	10	特诊药房	3%
5	病区	51.18%	11	手术室	2%
6	检验科	23%	12	其他（病区）	49%

①主要适用的科室有检验科、急诊检验、输血科、中心药房等；②主要包括的物资类型有体液血液等样本、血袋、分装好的药品等。

（3）优劣势总结

优势：①传输效率高，等待时间短；②运输距离较长，占用建筑空间较小；③能够覆盖医院运输量占比较大的检验科等科室；④对于新老建筑结合的适用性较强。

劣势：①单次运输量有限，难以满足大批量的运输需求；②特殊药品或物品的传输适用性有待考证；③管道消毒问题；④管道内发生故障处理技术问题。

总体来说，气动物流的传输可以解决部分医院科室的运输需求，效率较高，特别适用于检验科、输血科等对于效率要求较高的科室使用，但对于病区大中型物资的运输比较乏力，能够解决部分劳动力问题，提升工作效率，推荐度中。

3）箱式物流数据小结

（1）基本信息比对详见表 B-9。

表 B-9 箱式物流基本信息比对

医院名称	床位数（张）	站点数量	总造价（万元）	设计载重量（kg）	实际载重量（kg）	年运量	建筑设计要求	消防解决方案	维保费用
南京市鼓楼医院	2 080	43	1 598	30	30	60 万次	有	有	造价的 3%～5%
深圳大学学府医院	800	37	1 500	50	50（最大）	暂无	有	有	造价的 3%～5%

（2）优劣势总结

优势：①单个周转箱的运输量大；②竖向提升速度快，效率较高；③覆盖范围更广，大型物资（包括中心供应等）也可以运输。

劣势：①对建筑的要求高，特别是井道和水平传输有一定的空间要求；②周转箱的安全性有待考虑；③消防解决方案有一定问题，主要是垂直分拣机到站点的通道能否达到防火标准和要求有待验证；④在运输高峰期，往复提升机就需要排队等待；⑤采用的RFID技术的周转箱是一对一，运输物品必须严格按照箱子的编号进行分类。

总体来说，医院的箱式物流是工业用的一种改变形式，如果单从A到B，是比较好用的物流形态，但对于医院来说，经常是A/B/C到D/E/F，除了运量较大以外，在建筑条件、消防条件等方面都有一定的难点，遇高峰期的传输效率也要打折扣。

2. 物流运输时间和距离比对模型

课题组通过对大部分物流厂家的运输效率进行调研，并结合上述实际案例情况分析，总结了运输时间、距离、速度之间的关系，各物流模式公式如下。

1）气动物流

（1）运输距离

$$L_z = L_1 + L_2 + L_3$$

式中，L_z——从发货点到取货点总长度；

L_1——从功能科室发货到达空压机房转换器的距离；

L_2——从空压机房转化器到接收点的距离；

L_3——从接收点到取货点的距离。

（2）运输时间

$$T_z = L_1/V_{r1} + L_2/V_{r2} + L_3/V_{r3} + T_H$$

式中，T_z——从发货点到取货点的总时间；

T_H——在空压转换机房等待转换的总时间；

V_{r1}——从功能科室发货到达发送站点的人工运输速度；

V_{r2}——从接收站点出货到达取货点的人工运输速度；

V_{r3}——从发货站点到达取货点的传输瓶运输速度；

L_2——两个站点之间的管道总长度。

2）轨道物流系统

轨道物流系统剖面详见图 B-8。

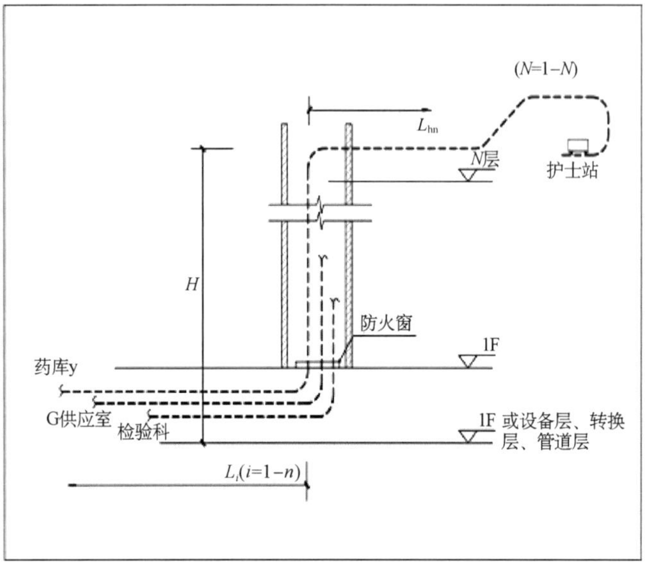

图 B-8　轨道物流系统剖面图

（1）运输距离

$$L_z = L_i + H_i + L_{hn}$$

式中，L_z——从发货点到取货点总长度；

L_i——从发货点到进入垂直井道的距离；

H_i——某一楼层井道高度；

L_{hn}——从垂直井道出货到各层接收点的距离。

（2）运输时间

$$T_z = L_i/V_s + H_i/V_Z + L_{hn}/V_s$$

式中，T_z——从发货点到使用点的总时间；

V_s——水平方向平均速度，约 0.5 m/s；

V_z——垂直方向速度，约 0.6～1 m/s。

3）箱式物流系统（直通病房区型）

井道直通病房型单向提升机剖面详见图 B-9。

（1）运输距离

$$L_z = L_1 + H_i + L_2$$

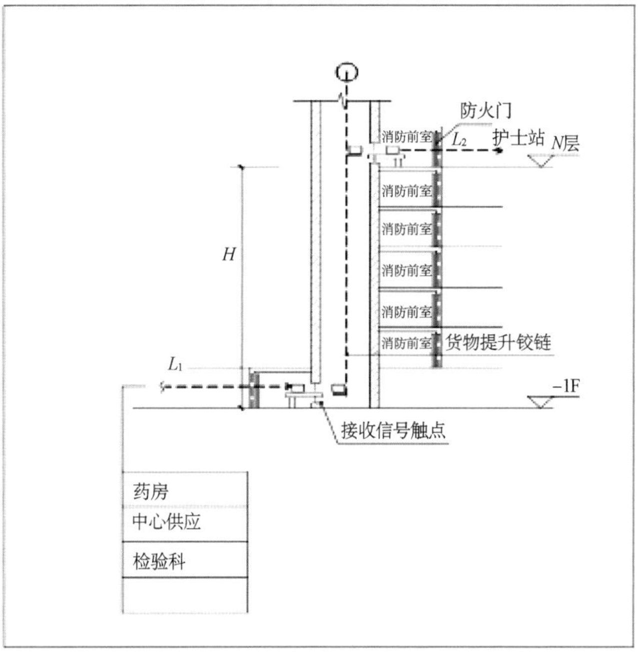

图 B-9　井道直通病房型单向提升机剖面图

式中，L_z——从发货点到接收点总长度；

L_1——从功能科室发货到达循环往复机井道前室的距离；

H_i——单向提升机垂直井道的高度；

L_2——从循环往复机前室出货到达单向提升机井道前室的距离。

（2）运输时间

$$T_z = L_1 / V_{r1} + T_H + L_2 / V_r + T_b$$

式中，$T_H = \sum H_i / V_t$，n 取值取决于排队发送的数量；

T_z——从发货点到收货点的总时间；

T_H——从发货前室到某一楼层接收前室的排队总时间；

V_t——单向提升机提升速度；

T_b——人工转车搬运时间；

i——1 到 n 层；

V_{r1}——从功能科室发货到达循环往复机井道前室的人工运输速度；

V_{r2}——从单向提升机井道前室出货到达收货地点的人工运输速度。

4）箱式物流系统（非直通病房区型）

非直通病房区型剖面详见图 B-10。

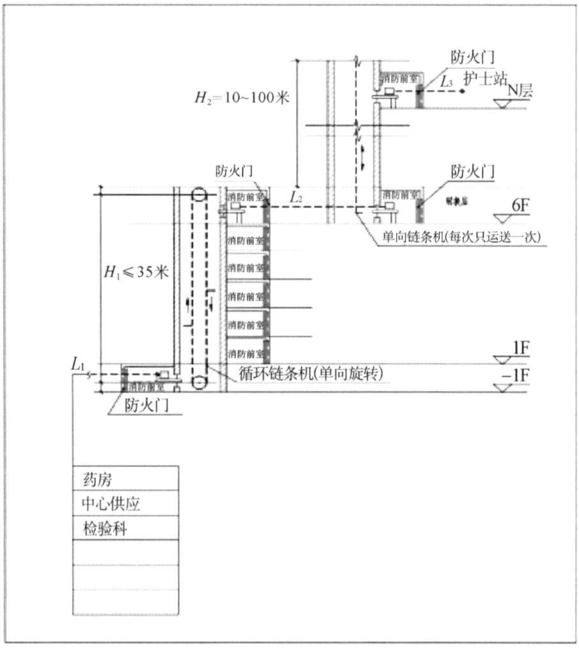

图 B-10　非直通病房区型剖面图

（1）运输距离

$$L_z = L_1 + H_{1i} + L_2 + H_{2i} + L_3$$

式中，L_z——从发货点到接收点总长度；

L_1——从功能科室发货到达循环往复机井道前室的距离；

H_{1i}——循环往复机垂直井道的高度；

L_2——从循环往复机前室出货到达单向提升机井道前室的距离；

H_{2i}——单向提升机垂直井道的高度；

L_3——从单向提升机井道前室出货到达收货地点的距离。

（2）运输时间

$$T_z = L_1/V_{r1} + H_{1i}/V_x + L_2/V_{r2} + \sum H_{2i}/V_t + L_3/V_{r3} + T_b$$

式中，T_z——从发货点到收货点的总时间；

V_{r2}——从循环往复机前室出货到达单向提升机井道前室的人工运输速度；

V_{r3}——从单向提升机井道前室出货到达收货地点的人工运输速度；

V_x——循环往复机提升速度；

i——1到n层。

小结：现在医院的物资运输需求越来越多，对效率的要求也越来越高，我们不能单方面地从运输量来评判运输效率的高低，需要多个维度的数据支撑才能够更加科学地进行对比。运输的距离和时间由两个方面组成：人工运输和物流运输。不管哪种物流，从发货点到取货点如何进，都是由这两部分组成。不同种类的物流运输效率也可以根据计算公式来完成距离和效率的对比分析。特别是针对新建医院，可以通过在方案中将物流布置进去，来进行理论运输效率的计算，就可以明显看出哪种物流系统的运输效率更好，为物流的选择提供极具参考性的数据支撑。

B.3 医院智能化物流系统选择建议

B.3.1 医院智能化物流系统的优势

传统人力运输与智能物流系统对比见表B-10。

表B-10 传统人工运输与智能物流系统对比

	传统人工运输	智能物流系统
运行成本	前期投入低，后期维护高	前期投入高，后期维护低
运输效率	低	高
院感问题	容易发生	较难发生
差错率	高	低
物资安全	低	高
资源占用	高	低

可以说智能化物流系统解决了医院非常多的问题，与传统物流相比，提升了医护人员的工作效率，节省了人力成本，节约了公共资源，大幅降低了院内交叉感染发生的概率。最重要的是改变了医院的经营管理模式，可以让医护人员从低水平的工作内容中脱身出来，从而有更多的时间和精力完成医疗行为。所以说，物流系统在医院中的应用具有非常大的价值，在未来医院的建设中，需要着重考虑医院智能化物流系统的设计和使用。

B.3.2 医院智能化物流系统的条件

1. 确定需要输送的物品范围

医院内目前需要输送的物资主要有药品、大输液、标本、手术器械、敷料包、报告单、胶片、一次性医用品、衣服、被褥、饭菜、污物等。

2. 确定各类物资的输送量

院方应根据自身业务繁忙程度估算各类物资的输送量，如根据床位数量预估药品、输液用品和标本的输送量，根据手术台数预估手术室器械输送量，根据门诊量预估门诊药品的输送量等，进而预估全院物资输送需求。

3. 确定物流输送型式

医院应根据输送的物资类型和其预计输送量，选择最适合自身的物流输送分拣系统，选择的物流系统至少能解决 70%～90%的常用物品运送。理想状态为选择 2 种及以上的物流输送系统，如果因为投资因素，可以在初步设计时预留相应的条件，未来再行建设。

4. 初期投入、运行及维护成本

在设备选型时除了需要考虑设备的初期投入成本外还需要考虑设备运行成本、维护成本等。

5. 系统的可扩展性和灵活性

当今社会，设备技术发展迅速，医院规模也会随着业务需求变化，难免出现医院扩建、改建的情况，面对未知的变数，如何保证高成本投入的物流输送系统“不落伍”呢？这就要求医院在设备选型时考虑物流系统的先进性、该系统的可扩展性以及后期扩容的灵活性。

6. 不同物流形式的基本情况比对

不同物流形式的基本情况比对详见表 B-11。

表 B-11　不同物流形式的基本情况比对

	气动物流	轨道小车物流	箱式物流	AGV
输送重量	≤5 kg	10～30 kg	≤50 kg	≤500 kg
输送速度	5～8 m/s	水平 0.6～1 m/s，垂直 0.4 m/s	水平 0.5 m/s，垂直 1～1.75 m/s	1 m/s

（续表）

	气动物流	轨道小车物流	箱式物流	AGV
运送物品	各类标本、药品、血液制品、小型器材、单据、胶片等	标本、药品、小型器材、单据、文件、X线片、中心配液、档案等中等批量的医用物品	小型器械、单据、文件、X线片、档案、较大体积的器械、中心配液、被服等	中心配液、被服、餐食等
优点	速度快、设备占用空间小，受建筑限制少，适合新建或改建建筑	输送量大，轨道上可以有多个小车同时发送，不需要等候	单次传输量大	运量大，有计划
缺点	传输量小、体积小、重量轻、液体需要密闭，容易有堵车风险，不适合大批量物品	对吊顶美观和高度有一定设计要求，需要专门井道	工作站占地空间较大、需要建立垂直井道；传输速度相对慢，楼宇间传输的系统相对造价高，系统复杂	需要对系统进行设计，无法临时改变需求，需要利用医护人员通道和电梯，占用一定资源
适宜输送	临时医嘱药品、急诊标本等随机性比较强，小规模非批量的、对速度要求高的物品	规格小于传输车车体的物品都可传输	医院内各种批量物品，对时间没有紧急要求的物品	有计划性的物资，例如配液、被服等

7. 不同物流对工艺流程布置的影响比对

气动物流和箱式物流对于工艺流程的平面布置都会有一定的影响，特别是箱式物流，如果需要减少分拣提升机所占用的井道面积，那么就需要将部分医技科室重新设置，对工艺的流程影响就比较大，而轨道小车对于工艺流程的影响基本没有。

8. 不同物流建筑条件要求比对

1）气动物流

对建筑有一定要求，主要是依靠铺设附着在墙面上的管道进行定点运输，但由于传输瓶本身没有动力，所以需要在检验科、静配中心、药房等使用量较大的科室附近设置空压机房。空压机房要保证有足够的换气次数，保证消防措施完善，并根据医院的体量和管道的长短设置数量不等的空压机房。

2）轨道小车

对建筑的要求较低，小车本身依靠与轨道的电极接触产生动力来进行运转，不需要额外的动力机房，同时小车在平层的运输仅对建筑的层高有一定的需求（医院本身的层高就能够满足），垂直轨道须在专用的物流井道内传输，常规井道做法如图 B-11 所示，楼板开孔 900×750 mm，井道内尺寸需求约 1 600×1 750 mm。

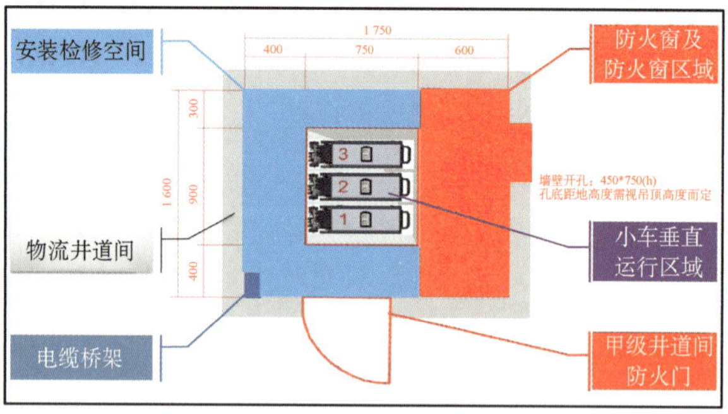

图 B-11　垂直轨道专用物流井道(单位：mm)

站点空间：一般情况下，单轨站点<2 m²，双轨站点(5+5 车位)<5.2 m²(图 B-12)。

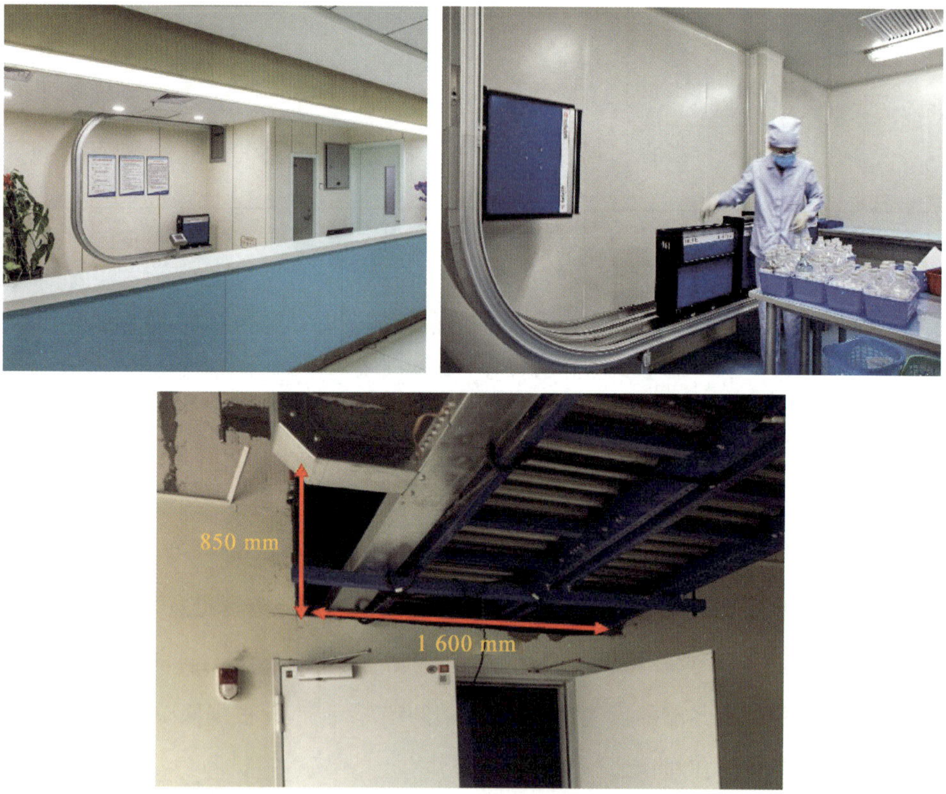

图 B-12　单轨站点、双轨站点

3）箱式物流

对建筑的要求高，主要是依靠水平传输线和垂直分拣机来完成物品的传输，箱体本身没有动力。箱式物流特点如下：在水平传输转化时需要特定的空间来完成动作，那么就需要独立的设备夹层或水平转换层；设备本身的建筑空间需求极大：单条传输线宽约 600 mm，双条传输线宽约 1 600 mm；单层传输线高约 700 mm；落地安装，则阻碍地面交通；吊装则需要在传送带的两侧预留出额外的 800 mm×800 mm 的维护空间，对吊顶上方的空间破坏极大，严重影响其他管线排布，如下图所示。

提升机须在专用的物流井道内传输，常规井道做法如图 B-13 所示，内尺寸需求约 1 700 mm×1 700 mm。

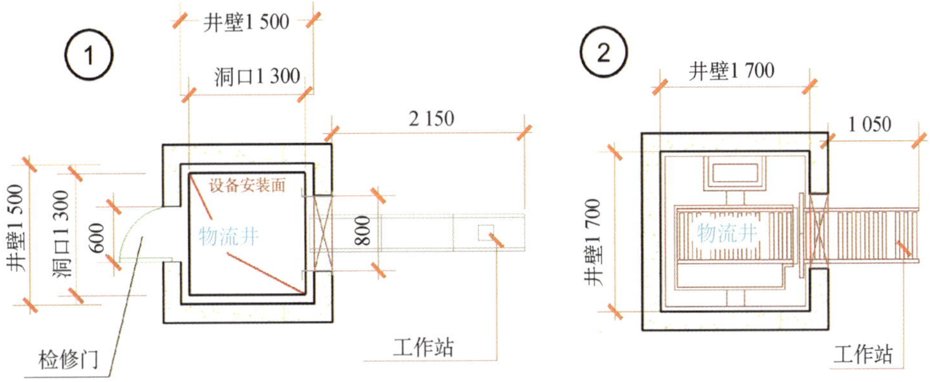

图 B-13 提升机专用物流井道(单位：mm)

站点空间：对科室空间影响较大，单轨站点 >5.5 m²(图 B-14)，双轨站点(2+2 箱位)>15 m²(图 B-15)。

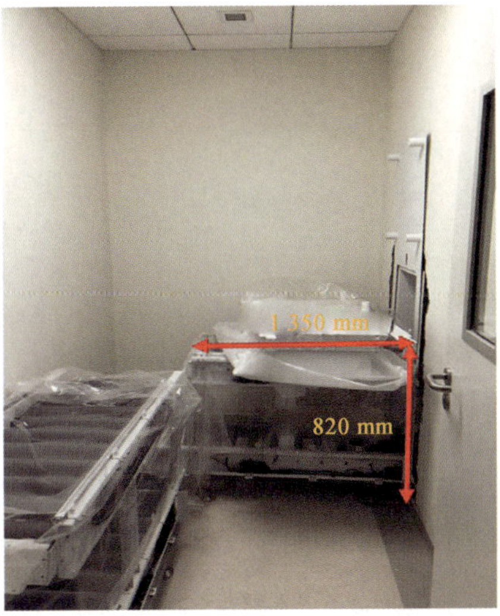

图 B-14 单轨站点

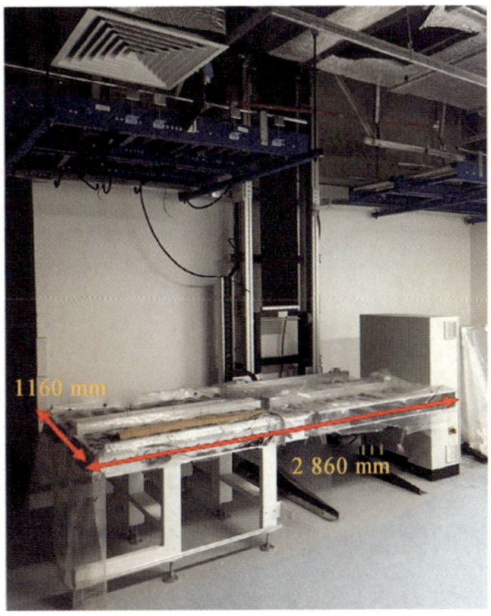

图 B-15 双轨站点

医院物流系统需要在方案设计初期就确认物流的类型，并且建议在工艺方案设计阶段就提前介入，提出专项设计条件需求，以满足后期医院物流系统方案。从而减少与建筑及工艺的冲突和矛盾，减少设计反复和论证反复。

9. 不同物流消防解决方案比对

1）气动物流

根据对医院的考察和厂家的了解，气动物流采用的是国外的消防标准，暂无完整的国内消防解决方案。仅管线穿越防火分区，管线的防火措施按国家规范要求处理即可，是否还有其他消防方面的要求，还需要继续论证。

2）轨道小车

有完整的消防解决方案，所有的防火窗和卷帘门都采用甲级防火标准，井道内传输到科室或病区的开口设置了甲级防火窗，同时设置 UPS 电源、烟感装置等，与整个建筑消防系统联动，可以快速反应，完成防火动作，详见图 B-16。

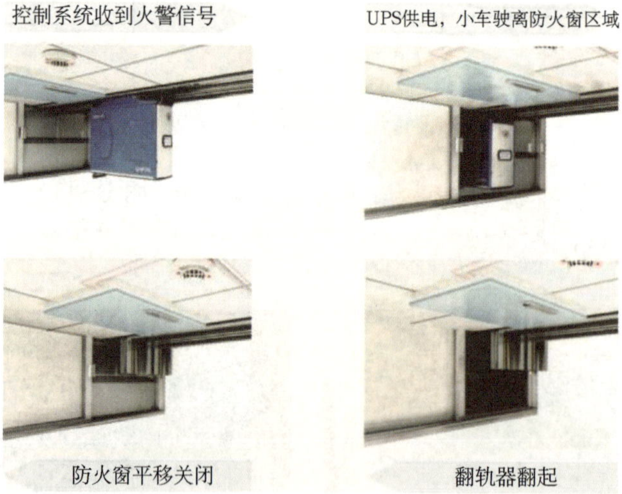

图 B-16 轨道小车消防解决方案

3）箱式物流

有较完整的消防解决方案，如图 B-17 所示，但是在水平运输分拣时穿越防火分区的防火措施是否达标，需要相关的实际项目的消防局检验验收报告论证。同时，通过垂直分拣机传输的物资到相应科室或病区的站点时，城门防火要求是否能够达到标准，尚须验证。如果现阶段没有好的解决方案，是否要设置独立的消防前室，也有待考量。

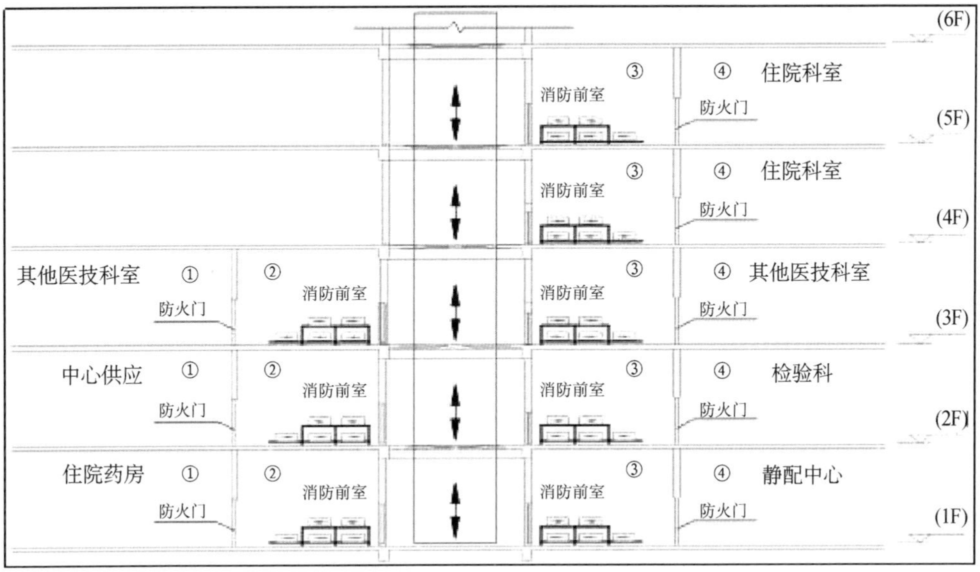

图 B-17　箱式物流消防解决方案

消防是重中之重，气动物流使用的是国外的消防标准，暂无完整的针对国内市场的消防解决方案；箱式物流虽然有消防解决方案，但缺少相关的检验验收报告，消防是否达标，防火装置是否合规，需要进一步的验证；对比前二者，轨道小车的消防解决方案比较完善，能够与整个建筑消防系统联动从而快速反应。

10. 医院智能化物流系统的建议

对于现在市场上使用较多的气动物流、轨道小车，以及新兴的箱式物流，从实际案例和厂家调研的分析来看，气动物流已经逐渐无法满足医院的物资运输需求，运量的局限性使其只能作为一个点对点的补充物流存在；轨道小车经过数年的实践之后，不管是从建筑条件，还是从工艺流程和消防方面来说，都较为成熟，即只需要占用较小的空间就可以满足医院的大部分物资的运输，可以成为一个主要的医院智能化物流类型；近两年新兴的箱式物流实际上是从工业物流运输模仿来的，运量大，效率也不错，但工业上的物流运输基本上是点对点的，即A点到B点，而医院的物流运输是从A点或B点或C点到D点或E点或F点，那么就需要占用较多的建筑空间来完成单向（往复）提升机、平层分拣的设置。同时，接收站点为了满足消防要求，建议设置消防前室，而其本身在医院应用的消防解决方案也不完善，所以建议继续观察，看后续是否有更完善的优化升级策略。

整体来看，现阶段轨道小车可以作为医院智能化物流系统的主推类型。

参考文献

[1] 汤伟. 对现代医院建筑项目前期策划设计的思考[J]. 工程与建设，2010(5)：609-610，613.

[2] 巴志强，郭锡斌，郭启勇，等. 医院建筑规划与设计的理性思考[J]. 现代医院管理，2008(1)：44-46.

[3] KELLY J R. Value analysis in early building design[J]. E & FN Spon，1982(5)：115-125.

[4] 白辰山. 医院建筑设计的前期策划[J]. 建筑工程技术与设计，2017(31)：393.

[5] 严玲，孟繁丽，邵莹莹. EPC模式下工程设计阶段可施工性应用研究[J]. 建筑经济，2009(1)：93-96.

[6] 戴恩海. 从医院管理者角度谈如何做好医院建设[J]. 中国医院建筑与装备，2013(10)：82-84.

[7] 金晨晨. 医疗工艺设计与医院建设项目前期策划[J]. 工程建设与设计，2016(12)：25-28.

[8] 牟进洁. 区域性交通改善对策分析：以莱芜市人民医院为例[J]. 建筑工程技术与设计，2018(13)：42，953，792.

[9] 李继，王小宇. BIM技术对绿色医院建筑设计的影响分析[J]. 建筑技术开发，2017，44(20)：15-16.

[10] 张于，刘阳萍，林勇，等. BIM技术在医院既有建筑改造项目中的应用初探[J]. 工程技术研究，2018(8)：117-118.

[11] 王鑫，蒋晋生. BIM技术在疾控中心建筑项目全生命周期管理中的应用展望[J]. 中国医院建筑与装备，2018(6)：77-80.

[12] 范丽业. 刍议BIM技术对绿色医院建筑设计的影响[J]. 建材发展导向，2017(3)：130-131.

[13] 李文滔. 浅析 BIM 技术对绿色医疗建筑设计的影响研究[J]. 建筑工程技术与设计，2018(13)：1200.

[14] 胡空. 新区医院交通特性与规划对策探析[J]. 建设科技，2018(2)：86-87.

[15] 崔飞易，陈宏文. 医用物流系统在现代化医院中的应用分析[J]. 中国医疗设备，2017(2)：137-140.

[16] 张巍. 医院全自动箱式物流输送系统的选择与实施[J]. 中国医院建筑与装备，2017(11)：91-92.

[17] 赵红梅，李远达. 医院物流自动化输送系统分析[J]. 中国医院，2015(6)：76-78.

[18] 崔飞易，陈宏文. 医用物流系统在现代化医院中的应用分析[J]. 中国医疗设备，2017(2)：137-140.

[19] 郭三兰，陈丽. 气动物流传输系统在医院的运行效果及常见问题[J]. 医疗卫生装备，2017(3)：157-158.

[20] 臧少君.现代综合医院医用物流传输系统建筑空间研究[D].西安:西安建筑科技大学，2016.

[21] 黄亮，朱江华，陈文. 浅析轨道小车物流传输系统在医院的应用[J]. 中国医院建筑与装备，2015(12)：92-93.

[22] 沈崇德. 医院 AGV 物流传输系统的技术特点与构成[J]. 医疗卫生装备，2009(11)：92-93，109.

[23] 沈崇德，朱希. 医疗工艺医院建筑设计[M].北京:研究出版社，2018.

[24] 张建忠，乐云. 医院建设项目管理[M].上海:同济大学出版社，2015.

[25] 鲍治国. 零废水中央纯水系统在绿色医院建设中的性价比分析[J]. 现代医院，2011，11(7)：130-133.

[26] 张庭，谭旭峰，盛建华. CWH 系列医用纯水集中供应系统探讨[J]. 现代医院，2012，12(9)：120-123.

[27] 陈智能. 关于医用集中供水系统可行性报告[R]. 杭州：杭州天创环境科技股份有限公司，2012.